ねこの肉球診断BOOK

東洋医学的体調チェックとツボマッサージ

石野 孝・相澤 まな
かまくら げんき動物病院

はじめに

東洋医学では、人や動物の病気を診断する際には、四診《ししん》といって、医者が患者の病気の情報を五感を使って収集します。

当院でも、猫ちゃんの診察は、聴診器で胸やおなかの音を聞く以外に、脈をとったり、舌の状態を観察したり、飼い主の方に問診《もんしん》（聞き取り）をしたりします。

ところが、ほとんどの猫ちゃんは、診察室に入ると緊張のあまり固まってしまったり、時には怒りまくって、心臓がバクバク状態で手が付けられなくなってしまいます。ただでさえ言葉を話せない猫ちゃんですから、これでは獣医師の五感を駆使した東洋医学的な診断を正確に行うことはできません。

そんな中、病院に訪れる猫ちゃんの肉球が、体調によって変化していくことに気がつきました。専用のカルテを作り、その日その日の猫ちゃんの肉球の状態等の情報を収集し、写真を撮影し、コンピューターのデータベースに入力する作業を続けたところ、猫ちゃんの肉球が東洋医学的に８つのパターンに分類できることを発見したのです。

さらに、治療により体の調子が変化すると、肉球の状態も変化していくことが分かりました。

猫ちゃんの肉球は猫好きにとっては究極の癒しになります。その肉球には東洋医学的に、猫ちゃんの体調を反映する情報がたくさん詰まっているのです。

本書をご活用いただき、猫ちゃんの体調を東洋医学的に把握し、健康管理にお役立ていただければ幸いです。

2014 年 春 桜の季節に

かまくら げんき動物病院 院長　石野 孝

CONTENS

1 肉球とは

肉球のひみつ

猫の肉球には、大切な役目があります。

猫好きにとって猫の肉球は、柔らかくて温かくて、触わっているだけで癒される不思議な魅力があります。でも、猫の肉球は可愛いだけではありません。猫が生きていく上でとても重要な役目があります。

足音がしないのはなぜ？

猫の前足には、指の位置に指球《しきゅう》が5個、人の手の平の位置に掌球《しょうきゅう》（一番大きな肉球）が1個、人の手首の位置に手根球《しゅこんきゅう》が1個あります。後足にも、指の位置に趾球《しきゅう》（前足と漢字が違います）が4個、足の裏に足底球（一番大きな肉球）が1個あります。

後足には足根球《そくこんきゅう》はありません。肉球は柔らかく弾力があるので、音を立てずに歩くことができます。猫は肉球によって獲物のそばまで気付かれないで近寄ることができるのです。

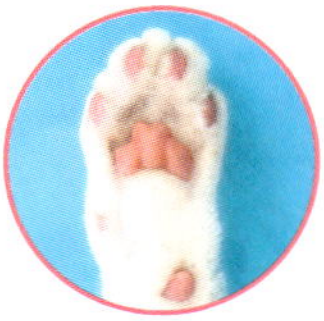

肉球が厚いのはなぜ？

猫の肉球は、体の他の部位に比べて最も厚く、丈夫にできています。地面にある小石や木屑、ガラス片などの突起物や障害物で足裏が傷ついたり、皮膚が摩耗するのを防ぐしくみになっています。また、高いところから飛び降りた時に肉球がクッションの役目をして、猫を衝撃から守ってくれるのです。

肉球は、猫の生活環境や体調によって日々変化しています。一般的に、外猫のほうが室内飼いの猫よりも肉球の表面が硬くザラザラとしています。

肉球が濡れるのはなぜ？

猫は人間のように体から汗をかくことはありませんが、唯一、汗をかくエックリン（エクリン）汗腺が肉球にあります。汗腺から出た汗が、足裏を適度に湿らしてくれるので、フローリングなどの滑りやすい床でも歩行がしっかりと行えるのです。また汗には臭い付けの役目もあります。

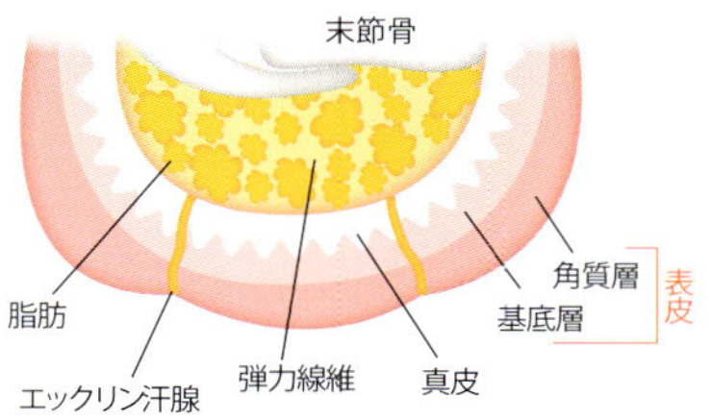

末節骨
角質層
基底層
表皮
脂肪
エックリン汗腺
弾力線維
真皮

【肉球の断面図】

肉球の臭いとフェロモンの臭い

猫が肉球から出す汗には臭い付けの役目もあると書きましたが、ではどんな臭いがするのでしょうか？　実は無臭に近く、人が感じられるほどの臭いはありません。まれに猫が体調を崩し肉球が常に湿った状態の時に、皮膚を守っている常在菌が繁殖し過ぎて異常に臭くなることがあります。

では、猫のフェロモンには臭いがあるのでしょうか？　答えは、人が感知できるほどの臭いはありません。猫のほっぺや目や耳の横、顎の下、しっぽの付根、肉球などにはフェロモンを分泌する臭腺《しゅうせん》（香腺《こうせん》）という器官があります。猫が飼い主の体や家具などに顔やお尻をスリスリするのは、フェロモンを擦りつけてテリトリーを宣言するためと、自分のフェロモンを嗅ぐ事で精神を安定させるためだといわれています。なお、肉球から出るフェロモンは、猫が不安を感じた時に出る不安フェロモンなのです。

肉球のなまえ

猫の肉球には、それぞれに名前があります。

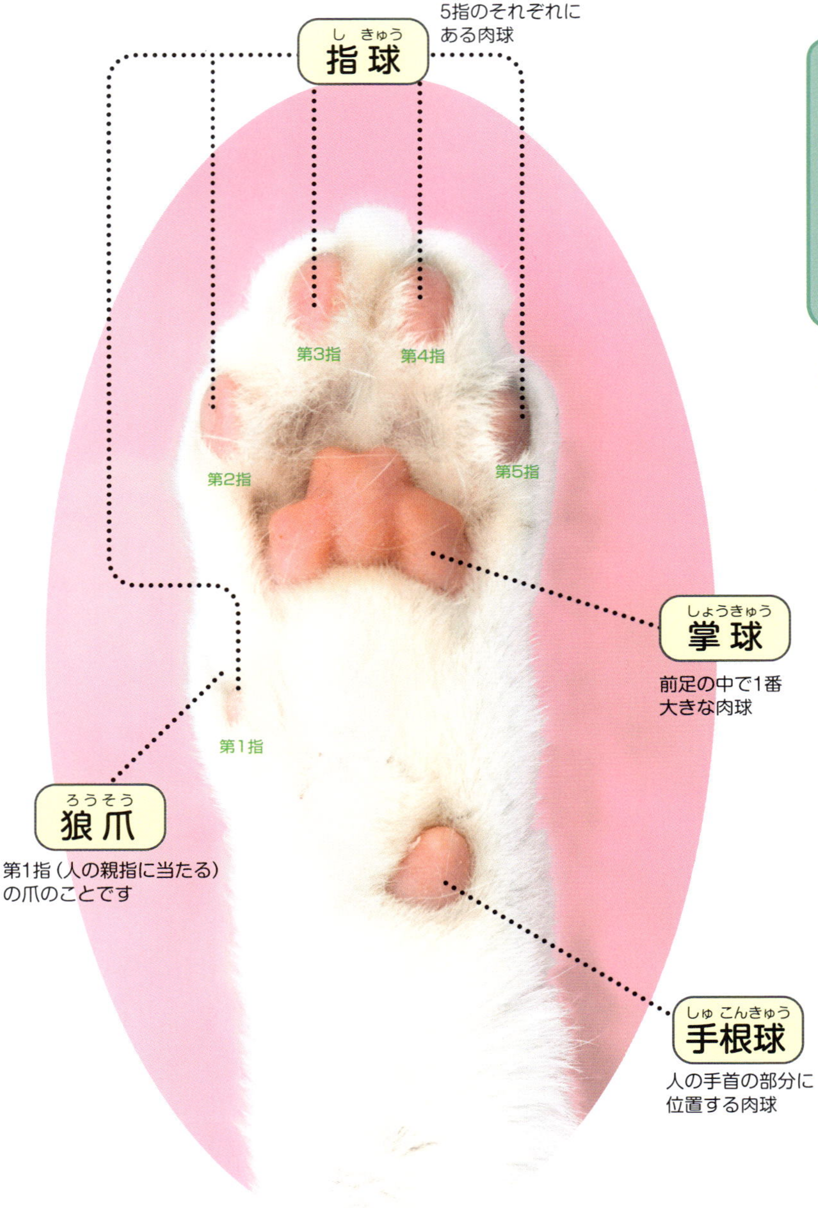
指球《しきゅう》
5指のそれぞれにある肉球
第3指
第4指
第2指
第5指
掌球《しょうきゅう》
前足の中で1番大きな肉球
第1指
狼爪《ろうそう》
第1指（人の親指に当たる）の爪のことです
手根球《しゅこんきゅう》
人の手首の部分に位置する肉球

左前足

第1趾は退化したため後足の指は前足よりも1本少なく4本です。
指それぞれに肉球があります。前足と同じ呼び方ですが漢字が異なります。

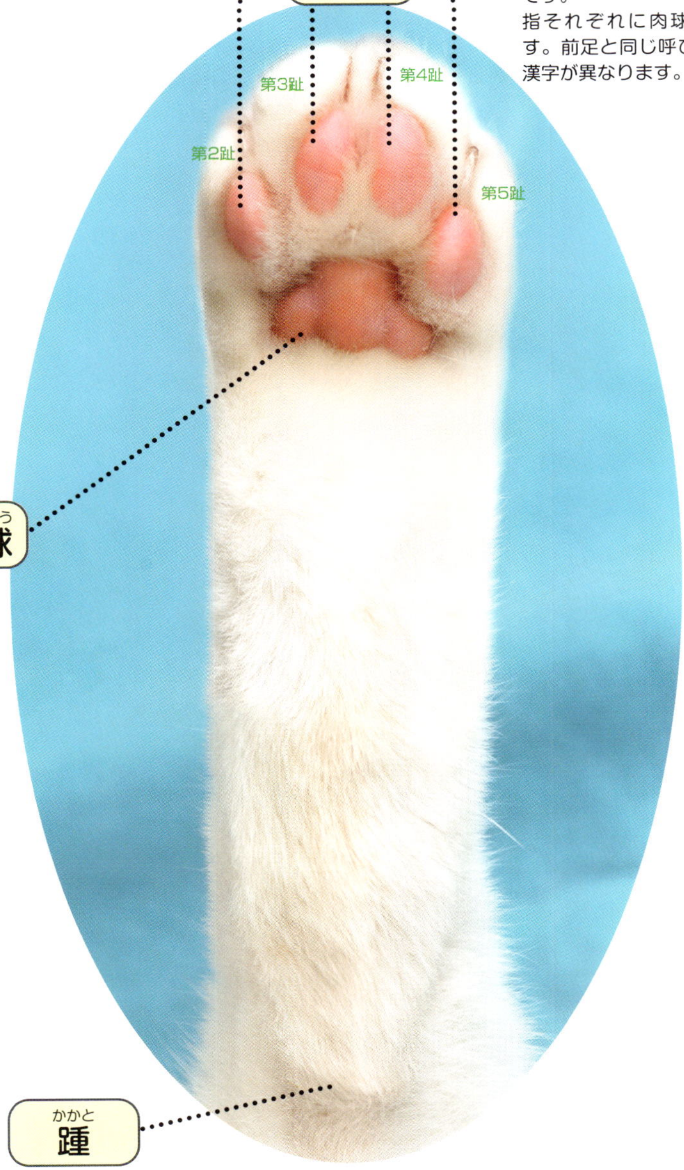
趾球《しきゅう》
第3趾
第4趾
第2趾
第5趾
足底球《そくていきゅう》
踵《かかと》

後足の中で
1番大きな
肉球

左後足

肉球と体と心の関係

それぞれの肉球は、体や心と関係があります。

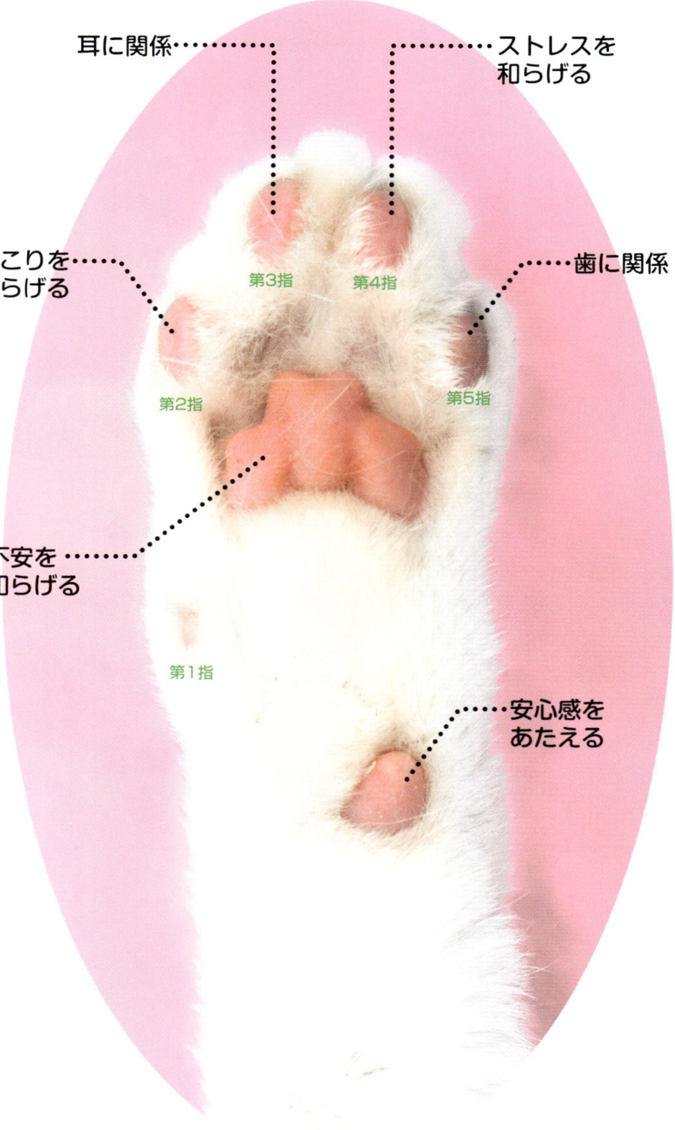

耳に関係
ストレスを
和らげる
第3指
第4指
肩こりを
和らげる
歯に関係
第2指
第5指
不安を
和らげる
第1指
安心感を
あたえる

左前足

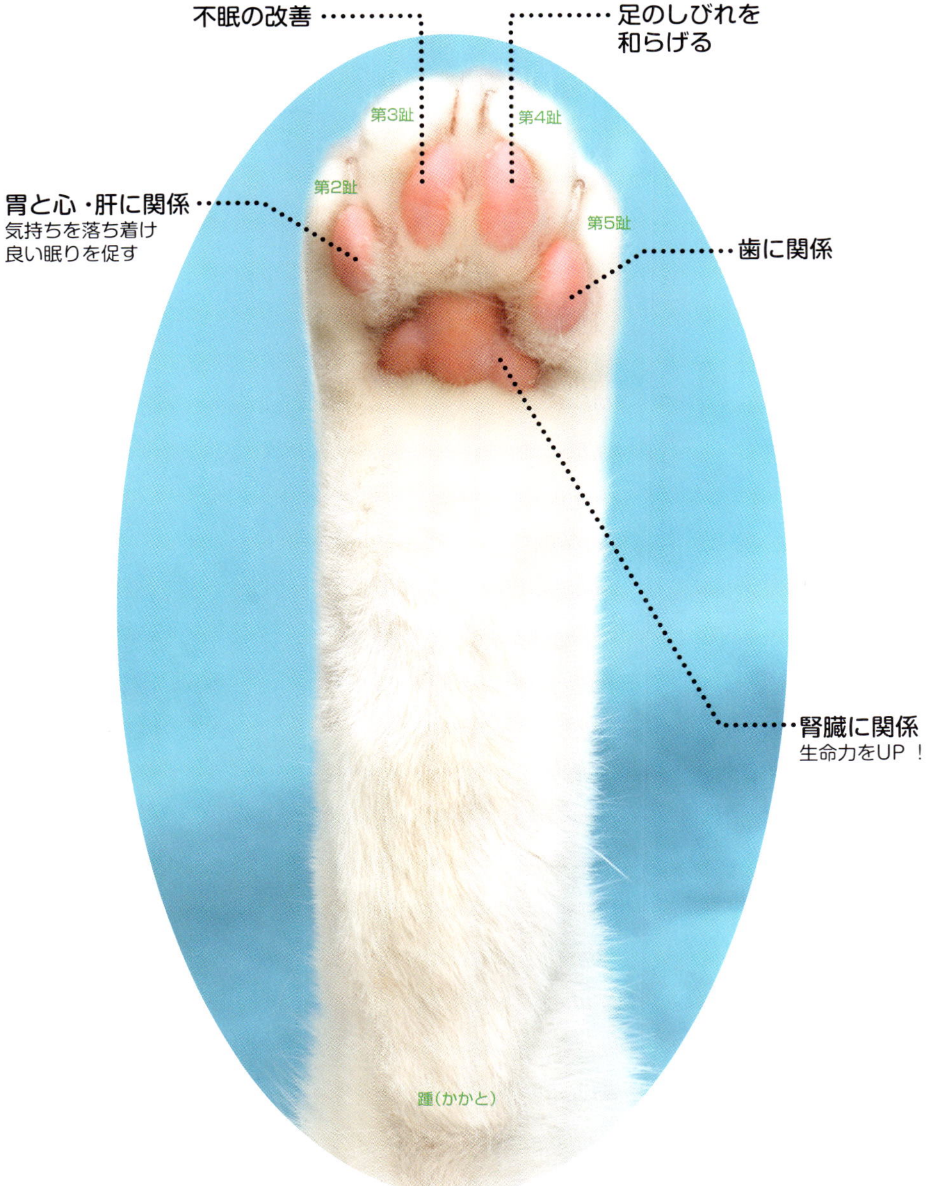
不眠の改善
足のしびれを
和らげる
第3趾
第4趾
第2趾
胃と心・肝に関係
気持ちを落ち着け
良い眠りを促す
第5趾
歯に関係
腎臓に関係
生命力をUP ！
踵(かかと)

左後足

いろんな猫の肉球

猫の肉球は、形や色模様など個性的です。

猫の肉球は、個性的です。子猫の肉球は艶やかで柔らかくて張りがありますが、体調が悪かったり高齢になるとカサカサして艶やかさが失われていきます。

肉球の色は鼻の色（模様）と関連しているという説がありますが、果たしてどうでしょうか？

プリン（メス／7才）
大人しくて愛情深く、ちょっと甘えん坊のペルシャ猫のプリンちゃんの肉球は、鮮やかなピンク色です♡

のら（オス／4才＊推定）
とてもシャイで飼い主さんの後をストーカーのようについて回るのら君の肉球は、黒とピンクの2色で弾力があって健康的です♡

じゅりあん（オス／6ヶ月）
やんちゃな男の子のじゅりあん君の肉球は薄ピンク色でふっくらしています♡

ジャック（オス／3才）
超ウルトラ甘えん坊のジャック君の肉球は
ぷっにゅぷにゅ～♡

ライア（メス／2才）
人懐こくて怖いもの知らず、足踏み
してママに甘える天真爛漫なライア
ちゃんの肉球は、綺麗なピンクに焦
げ茶色の模様が入っています♡

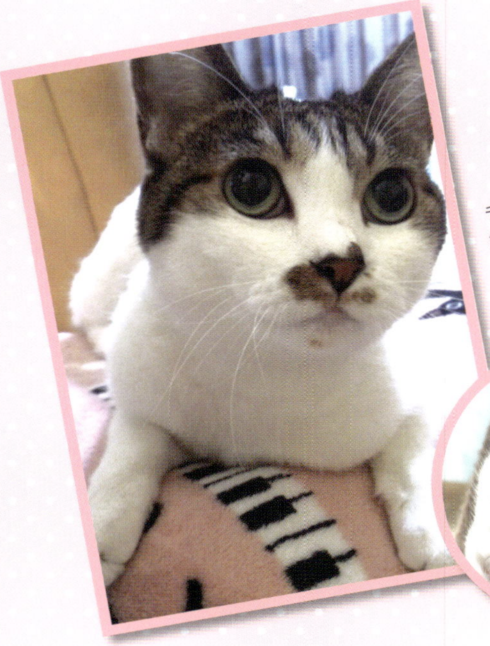

チャコ（メス／推定11才）
箱入り娘で恥ずかしがり屋チャコちゃんの肉球は、薄ピンクと茶色のエレガントなツートンカラーです♡

とらのすけ（オス／13才）
甘えん坊で、飼い主さんの膝の上が1番のお気に入りのとらのすけ君の肉球は、ぷっくらパンパンです♡

ころすけ（オス／13才）
初めはグレーにクラシックタビーがあったのに、なぜか 今は平凡な黒猫に変身したころすけ君の肉球は、黒くてプクプクです♡

ほくろ（メス／14才）
普段は大人しくて可愛い性格なのに、突然ジキルに変身するほくろちゃんは、飼い主さんにしか爪切りをさせません。肉球はサーモンピンクとチョコレートブラウンのツートンです♡

みーみ（オス／11才）
怖がりで小さな音でもびっくりして隠れてしまうみーみ君の肉球は、可愛いピンク色です♡

インディ（オス／１才）
とっても明るくて人好きのインディ君。でも物音などにはビビリまくり。肉球は柔らかくて少し湿り気味♡

マウ（メス／２才９ヶ月＊推定）
猫のような、犬のような不思議な性格だけど、とっても素直で、食いしん坊のマウちゃん。肉球は黒に近いブラウンです♡

くー（メス／4才8ヶ月＊推定）
お父さん子で甘えん坊で、家族以外の人にはなかなか姿を見せないくーちゃんの肉球は、ぷにゅぷにゅです♡

ジュリー（メス／11才）
媚びるタイプの三毛猫ジュリーちゃんの肉球はきれいなピンクです。ぷよぷよした理想的な柔らかさ♡

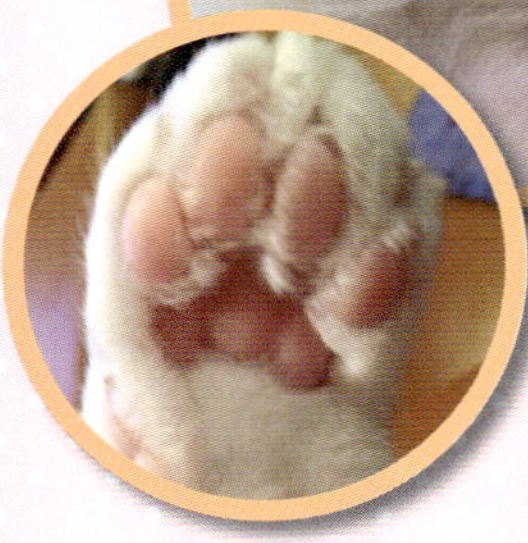

うに（メス／19才）
高齢で、以前はかなり体調を崩したうにちゃんですが、温度管理と治療で今は元気いっぱい！
肉球も張りがあります～♡

ルル（メス／6才）
最近、弟ができて一人娘からお姉さんになったルルちゃんの肉球は綺麗なピンク色でツヤツヤです♡

寿麗《じゅら》（メス／13才）
女王様として君臨する寿麗ちゃんの肉球はサーモンピンク色。ちょっと潤いが足りないかしら？♡

シモン（オス／13才）
シモン君はのんびり屋で甘えん坊。黒とピンクの肉球はぷにぷにです～♡

チョークディ（オス／３才）
大らかだけど頑固なチョークディ君は、周りの変化は受け入れるけど、自分は変わらない。肉球は薄ピンク色で柔らかくてツルツル～♡

小十郎（オス／1才6ヵ月）
元気いっぱいで、抱っこが大好きな小十郎君の肉球はお豆みたい。よく汗をかきま～す♡

シャーリー（メス／2才）
シャーリーちゃんは、寂しがり屋で人懐こく甘えん坊で、抱かれ好き。肉球は灰色で周囲が毛もじゃ～♡

とん（オス／5才＊推定）
わがままで寂しがり屋、飼い主さんの膝の上がお気に入りで2～3時間は動きません。とん君の肉球は黒とピンクのツートンカラー♡

あると（オス／13才）
甘えん坊で抱っこが大好きなあると君の肉球は、ピンク色でツヤツヤプクプク～♡

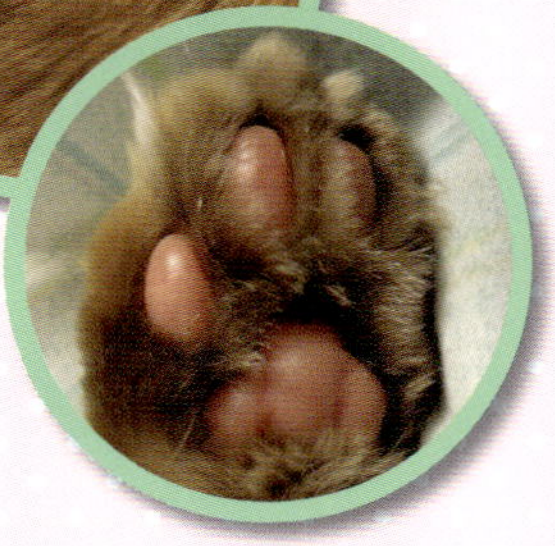

ぎあ（メス／3才）
グルーミングとおしゃべりが得意な三毛猫ぎあちゃんの肉球は、ピンクと黒のツートンカラー♡

リュウ（オス／９才）
大きな体の割に臆病でデリケート。ご飯の後は、擦り寄り周囲に愛情をふりまくリュウ君の肉球は、渋い茶色です〜♡

ゆき（メス／13才）
機嫌のよい隠れ武闘派のゆきちゃんの肉球は、黒く弾力のある小肉球です♡

レオ（オス／２才）
可愛い寝姿からは想像できないくらい、とても短気で野性的に狩りをするレオ君の肉球は、黒く弾力に富んでいます♡

column ①

猫ちゃんの顔つきのひみつ

あなたの愛猫の顔つきはどうですか。

明るく、覇気があり、体力、気力とも十分でしょうか？　おてんばさんや、やんちゃな子、気性の荒い子、おしとやかな子など、さまざまでしょう。

高齢になれば活動量はどちらかというと年齢相応に、増えるよりは減る傾向にあると考えられます。もし、高齢になってきて、どうも若い時にはなかった気性の荒さや、目がランランとしていたり、活動量の亢進、食欲の増加がみられたら、年齢によるものではなく、病的な状態を疑ったほうがよいかもしれません。

猫には人のバセドウ病に当たる甲状腺機能亢進症という、代謝が活発になり過ぎてしまう病気があります。この病気は 1970 年代に初めて発見され、10 才以上の猫の 20% 近くがこの病気に罹るといわれています。甲状腺の良性の腫瘍性変化が原因の一つですが、なぜ腫瘍になるかは現在研究が進められているところです。

もし猫ちゃんの様子に先述のような症状や下痢、心拍数の増加などがみられたら、1 度検査を受けることをおすすめします。甲状腺の血中ホルモン値は血液検査で調べることができ、投薬による治療ができます。

東洋医学ではよく「心《しん》、其《き》、華《か》在面《ざいめん》」といわれることがあります。「心臓の状態は顔の色艶に表れる」という意味です。猫ちゃんの顔色、顔つきは、わかりにくそうなのですが、よく見ると、鼻や目、唇、耳の色などは体調によって変化し、顔色、顔つきに反映されるのです。心臓は血管を通じて血液を全身に循環させ栄養を行き渡らせています。心臓と血管が虚弱であれば、まず顔面が蒼白となって光沢がなくなります。顔色は本来の艶を失い暗紫色になります。心臓の機能が充実していると血液と栄養が顔面に充満し、光り輝くような豊かで穏やかな表情を表します。そのように顔を見て心臓の状態をうかがい知ることができます。まさに顔は心臓を映す鏡というべきでしょう。

症状が当てはまるかどうか分からない場合は、ぜひかかりつけの獣医師に相談してみてください。

2 東洋医学を学ぼう

東洋医学ってな～に？

東洋医学では、人も動物も含めたすべての現象が同じ法則で活動していると考えます。

◉東洋医学とは？

東洋医学とは、西洋医学の対となる言葉で、トルコから東にある国々で発達した医学の総称です。中国伝統医学、インド医学、チベット医学、アラビア医学、イスラム医学、日本医学（日本漢方）などがあります。現在の日本において東洋医学が占める理論の源流は、中国伝統医学です。

本書では、中国伝統医学の陰陽論と経絡《けいらく》理論、気《き》・血《けつ》・津液《しんえき》から猫の体質診断を行い、タイプ別に合わせたマッサージを紹介します。

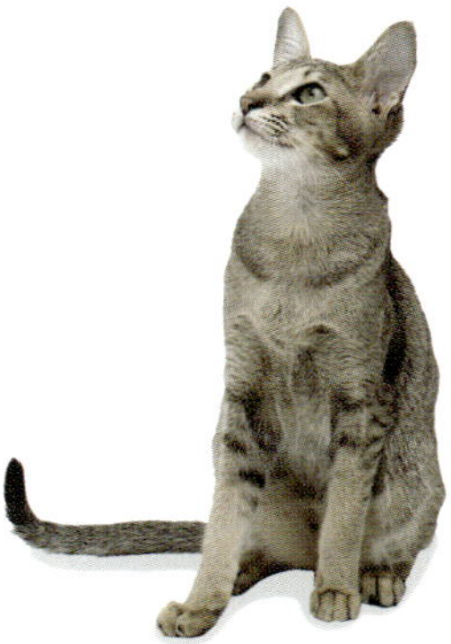

陰と陽

◉陰と陽とは？

古代中国の思想では、世の中に存在するすべてのものを「陰」と「陽」に分けました。陰は日が当たらないところ、陽は日が当たるところという意味です。例えば「日

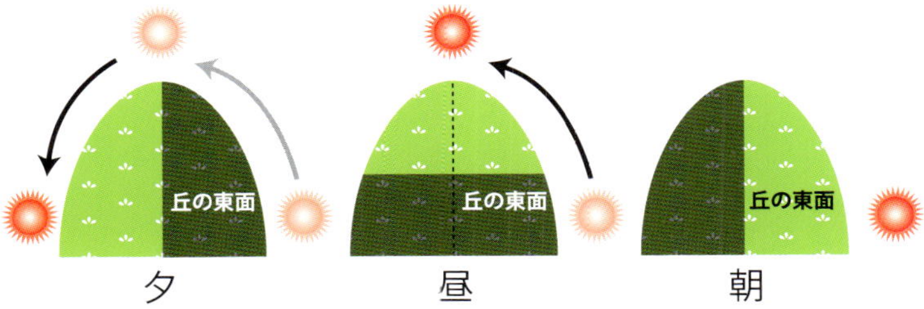

向は陽、日影は陰」、「太陽は陽、月は陰」、「男性は陽、女性は陰」、「外は陽、内は陰」、「気は陽、血は陰」などです。

陰と陽はどちらかが優れているということではなく、対立と依存、変化を繰り返し、バランスを保っていて、互いになくてはならない存在なのです。

例えば、朝日が昇り始めた時、丘の東面は日が当たり「陽」になります。日影の部分は「陰」です。丘の東面は朝は陰よりも陽のほうが大きな面積になっています。時間が経ち、正午になると太陽は真上に昇り、丘の東面と丘の西面の日の当たる面積は同じになります。そして太陽が西へ沈み始めると、日向と日陰は逆転します。このように、陰と陽はバランスを保ちながら変化しています。

動物は、朝目覚めると体は睡眠状態から活動状態へと変わり、陰が優勢な状態から陽が優勢な状態に変化します。夕方になると、体は休息を取ろうとします。陽から陰の状態に変化していきます。このバランスが崩れると、夜になっても興奮して眠れなく、体が火照った状態になります。このような陽が過剰になった状態を「陽証」といいます。反対に、陰が優勢になり過ぎると、体がだるい、元気が出ない、体が冷えるなどの症状が出ます。このような状態を「陰証」といいます。

陰と陽は次に紹介する経絡の走行にも当てはまります。

経《けい》絡《らく》とツボ

人間も含め動物には、十四本の主要経絡が体中を走行しています。経絡の中を「気《き》」「血《けつ》」「津液《しんえき》」が流れて、心と体のバランスを保っています。

◉経絡とツボとは?

東洋医学では、すべての動物の体内には「経絡」という目に見えないルートが走行していると考えられています。経絡の中には、動物の心と体のバランスを調整する「気」「血」「津液」と呼ばれる物質が流れ、体内のすべての組織、臓腑、器官に栄養を運んでいます。この「気」「血」「津液」の巡りが滞った状態を「病気」と考えます。

十四本の経絡

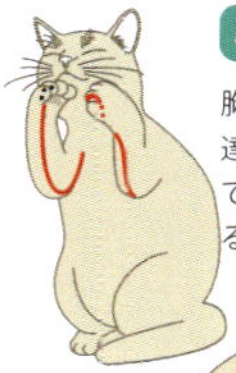

心経(しんけい)

胸部に始まって腋の下に達し、前足の内側を通って、前足の第4指に終わる。

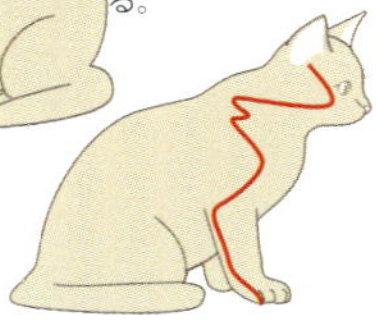

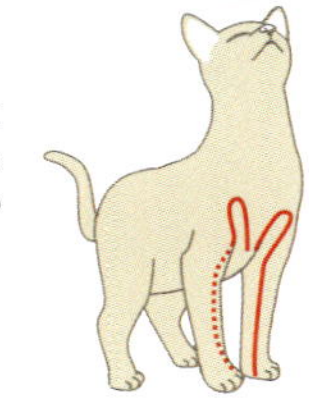

肺経(はいけい)

胃の上部より起こって、腋の下を通り前足の内側～前足首に達し、前足の第1指内側で終わる。

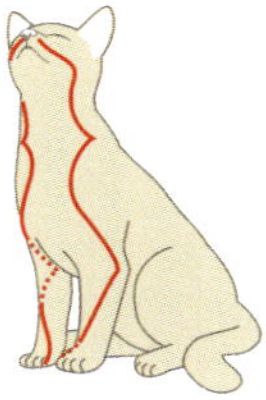

大腸経(だいちょうけい)

前足の第2指内側より起こり、前足の外側前縁に達し、肩を経由して、鼻の両側に終わる。

小腸経(しょうちょうけい)

前足の第5指外側から起こり、前足の外側に達し、肩甲部を通り、耳に終わる。

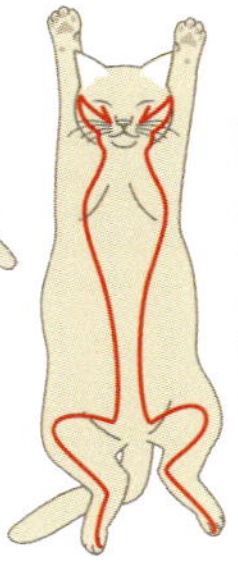

胃経(いけい)

眼球の下部より起こり、肩部に達し、腹部内側を下降し、臍の両側を経由、後足の第2趾外側に終わる。

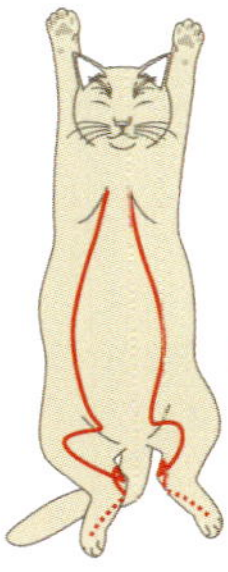

膀胱経(ぼうこうけい)

眼球の内側より起こり、肩甲部内側に達し、腰部～膝の裏を経由して、後足の第5趾に終わる。

腎経(じんけい)

後足の底部から起こり、後足の内側に達し、腹部を経由し、胸部で終わる。

脾経(ひけい)

後足の第1趾内側に起こり、後足の内側面に達し、鼠径部～腹部を通って胸部に終わる。

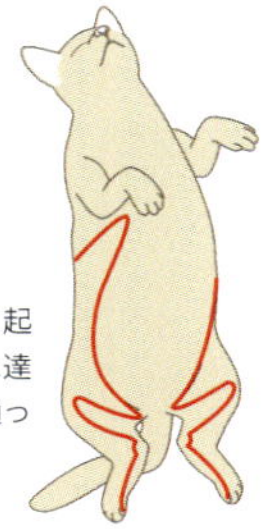

基本の経絡は十四本で、それぞれが五臓六腑《ごぞうろっぷ》と密接な関係にあります。経絡上には多くのツボがあり、刺激した時に痛みや響くような反応が強く感じられた部位がツボです。経絡は動物の体内を左右対称に走行しており、経絡にも陰陽があります。

◉五臓六腑について

五臓六腑とは、内臓の諸器官のことです。飲食物をエネルギーに変え、生命力を生み出す働きがあります。働きの違いから「五臓」「六腑」「奇《き》恒《こう》の腑《ふ》」に分かれます。「臓」とは、肝・心・脾・肺・腎（心包《しんぽう》という臓器を加え六臓とすることもある）のことで、精気を作り、貯える役割があります（精とは、成長や発育のためのエネルギーの基となる物質に当たる）。「腑」とは、胆・小腸・胃・大腸・膀胱・三焦《さんしょう》（西洋医学にはない臓器で、水分代謝の役割を持つ）を指し、物を通過させる役割を担っています。「奇恒の腑」は脳、髄、骨、脈、胆、女子胞（子宮）のことで、臓でも腑でもなく、形は腑ですが、働きは臓に似ているものです。

これらは西洋医学における内臓と比べると、解剖学的な位置はほとんど同じですが、脾のように脾臓ではなく膵臓の働きに似ていると思われる臓器もあります。

西洋医学との一番の違いは、脳で行うとされる精神活動が東洋医学では心を中心として五臓すべてで行うとされていることです。

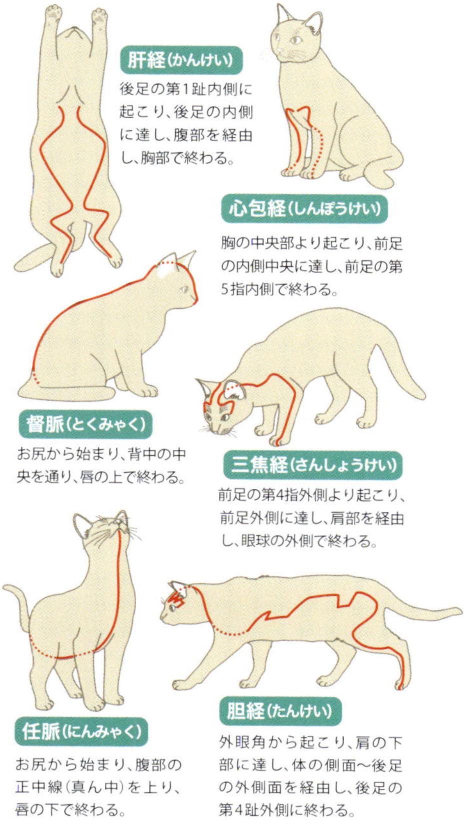

肝経（かんけい）
後足の第1趾内側に起こり、後足の内側に達し、腹部を経由し、胸部で終わる。
心包経（しんぽうけい）
胸の中央部より起こり、前足の内側中央に達し、前足の第5指内側で終わる。
督脈（とくみゃく）
お尻から始まり、背中の中央を通り、唇の上で終わる。
三焦経（さんしょうけい）
前足の第4指外側より起こり、前足外側に達し、肩部を経由し、眼球の外側で終わる。
任脈（にんみゃく）
お尻から始まり、腹部の正中線（真ん中）を上り、唇の下で終わる。
胆経（たんけい）
外眼角から起こり、肩の下部に達し、体の側面～後足の外側面を経由し、後足の第4趾外側に終わる。

気《き》・血《けつ》・津《しん》液《えき》

気は、すべての生物の生命活動の原動力。
血は、循環器や分泌器官、精神活動のバランスを整えます。
津液は、全身に栄養と潤いを与えます。

●気とは?

気とは、動物や植物などすべての生物が生きていくための原動力となるものです。気は目には見えず、働きだけがあります。私たちが日頃から使っている「元気がある」、「気がめいる」、「気が散る」などの言葉からも、気は私たちの日常生活に密接な関わりを持っていることが分かります。私たちは生まれた時すでに両親から「先天《せんてん》の気」を受け継ぎます。

そして、呼吸によって自然界の気を、食べることで食物の気を体内に取り入れ、私たちの気は育まれています。呼吸と飲食物によって作られた気を「後天《こうてん》の気」と言います。

気には、「血《けつ》の巡りを良くする」、「血液、尿などの体液を体から漏れ出ないようにする」、「体を病原体や邪気《じゃき》(悪い気)から守る」、「体を温める」、「不要な物を体外に排出する」などの作用があります。

●血《けつ》とは?

血とは、一般的に言われている血液のようなものですが、東洋医学では血液よりも幅広い作用のある物質と捉えています。血は全身をくまなく流れながら循環器や内分泌器官に栄養分と潤いを与えています。さらに精神活動にも関係しています。血の流れが順調であれば、体に十分な栄養が与えられ、元気に活動ができ、毛艶が良く精神活動も活発になりま

す。逆に血の巡りが悪いと体のすみずみまで栄養が届かないため、瘀血《おけつ》（血が滞ってドロドロになった状態）などと呼ばれる血行障害特有の症状が表れるようになります。

◉津液《しんえき》とは？

津液は水《すい》とも呼ばれますが、血《けつ》以外の体の正常な水分の総称です。臓腑や器官を満たす組織液や唾液、涙、関節液などが当てはまります。津液は全身に潤いと栄養を与えます。正常な津液の働きによって、皮膚は潤い、関節の動きが滑らかになっているのです。

津液が不足したり流れが滞ったりすると、のどや口の渇き、皮膚の乾燥や枯燥、便秘、尿量減少などの乾燥による症状が表れます。

経絡の中には、気・血・津液が流れており、経絡の上に多くのツボ（経穴）があります。
経絡は動物の体を左右対称に通っています。

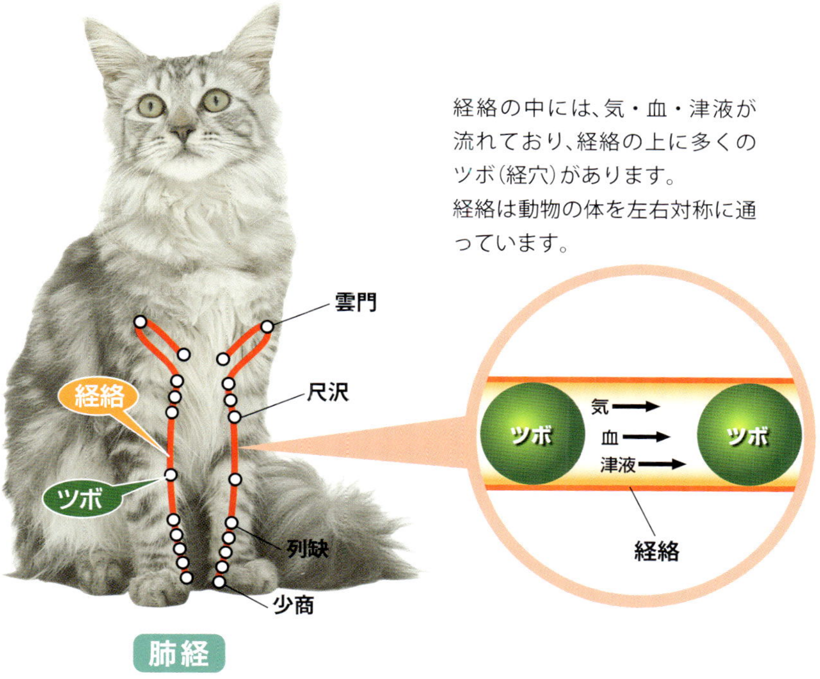
雲門
経絡
尺沢
ツボ
列缺
少商
肺経
ツボ
気
血
津液
ツボ
経絡

ツボ指圧マッサージをはじめる前に

あなたの猫ちゃんは、撫でられることに慣れていますか？

頭を撫でられたり、シッポに触られたりするのが大好きな猫ちゃんも入れれば、苦手な猫ちゃんもいます。大切なことは、猫ちゃんを驚かせない、マッサージを嫌いにさせないことです。猫ちゃんが受け入れてくれるまで、ゆっくりと慣れさせていきましょう。

【マッサージの前の準備】

1. 炎症や腫脹、外傷がある場合や骨折、空腹時、そして食後 30 分以内には行わないでください。
2. 猫ちゃんも施術者も、爪の手入れをしましょう。
3. 腕時計やアクセサリーなどもは外しましょう。
4. 猫ちゃんが嫌がっている時は無理に行わないでください。かえってストレスになってしまいます。
5. 施術者の手を温めてからマッサージをしましょう。
6. 猫ちゃんと施術者が落ち着ける環境で行いましょう。
7. 猫ちゃんの「まんざらでもない顔」の表情を確認しながら行いましょう。
8. マッサージは、猫ちゃんの健康の維持・促進のために行います。医療行為ではありません。
9. 指先に愛情を込めて行いましょう。

指圧の力加減

猫ちゃんのツボを指圧をする前に、自分の体を押して力加減を体感してみましょう。ツボの位置や猫ちゃんの体調によって感じ方が異なりますので、体の部位ごとに力加減を調整することも大切です。力加減をキッチンスケールなどで確認して、イメージをつかみましょう。

★力加減の目安：猫や小型犬＝ 300 ～ 500g

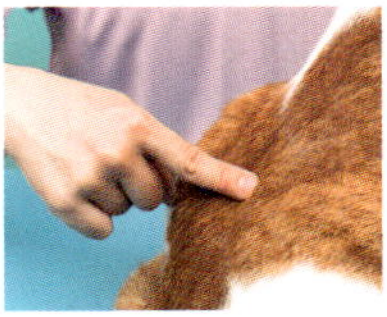

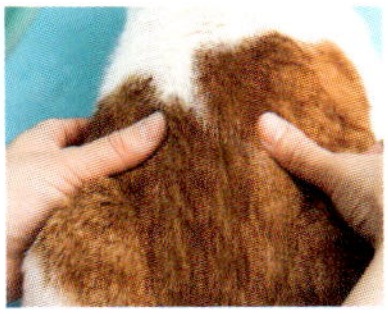

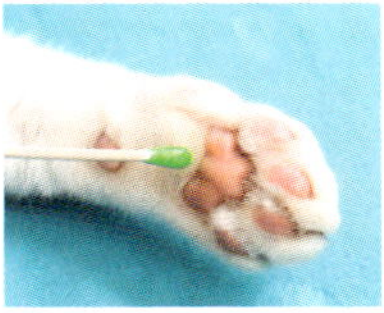

押す（指圧）

ツボを指で押して刺激する方法です。指の腹を使って行います。

綿棒で指圧

足首などの小さな部位にあるツボには、綿棒を使うと便利です。ヘアピンの丸い部分や先が丸くなっている箸などを代用してもよいでしょう。

押し方

❶ツボに指をおき、1－2－3と少しずつ押していきます。
❷猫が「まんざらでもない顔」をしたら、そのまま3～5秒キープします。力を入れ過ぎないように。
❸その後、1－2－3とゆっくり数えながら力を抜いていきます。

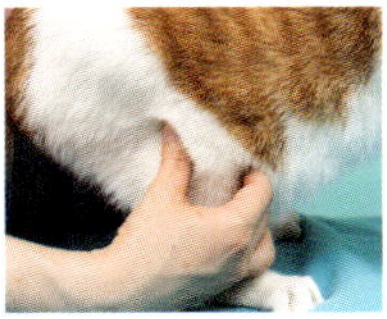

もみもみ

ツボを親指と人差し指で挟み込むように“もみもみ”します。筋肉の豊富な部位のコリをほぐす時に有効です。

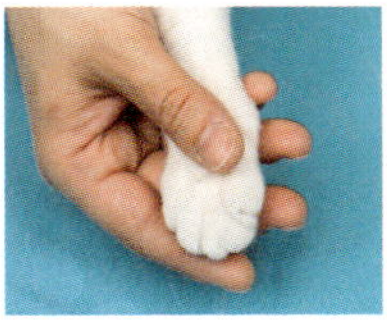

さする

指の腹や、手の平全体を使って優しくさすります。足先などのデリケートな部位をさする時は、足の付根から足先に向かって徐々にさすっていきます。

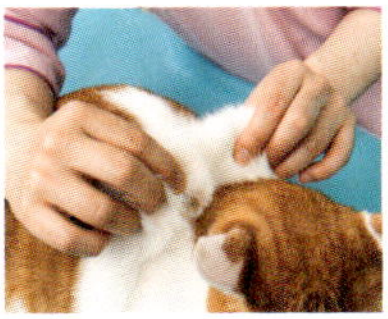

ピックアップ

皮膚を引っ張る方法です。皮膚は、気温の変化や乾燥などの環境因子から体を守っています。また、多くのツボが皮膚に分布していますので、健康維持に有効な方法です。

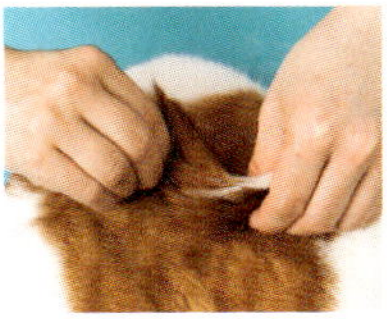

ツイスト

ピックアップした皮膚を前後にひねります。

column ❷

猫ちゃんの爪《つめ》のひみつ

猫ちゃんの爪をじっくり見たことがありますか？　猫ちゃんの爪は普段は指の中に収まっているので見えることはありません。そっと爪を出して、または猫ちゃんが爪研ぎをしている時に見てみましょう。切れ長の鋭い透明な爪の中に赤く血管が透けて見えるのが分かります。同時に神経も走行しています。爪を切る時はこの血管と神経の手前で切らなくてはいけません。

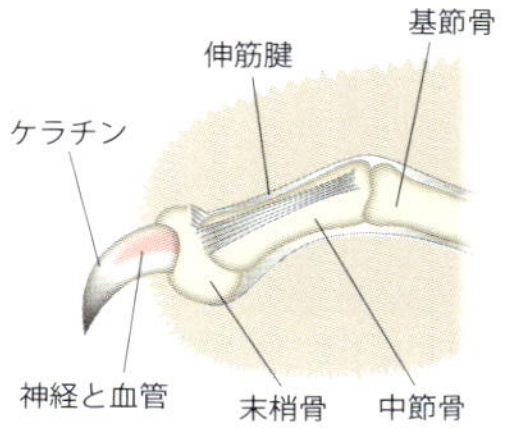

【猫の爪】

ネコ科の動物は狩りをするため、獲物を狙う時は相手に気がつかれないように爪を収め、獲物に飛びかかり、捕らえる時は爪を出すことができる構造になっています。食べるために狩りをして獲物を捕らえていた猫ちゃんにとって、爪研ぎは生きていくために欠かせない行為でしたが、現在では狩りをしないためどちらかというと問題行動に当てはまることが多いかと思います。

高齢の猫ちゃんの爪にも注目しましょう。若い時は鋭く、引っ掻かれると痛かった爪ですが、高齢になると爪が分厚く、透明感に欠けてきます。なかには伸び過ぎて肉球に刺さってしまうトラブルもしばしばです。また、普段は収まっているはずの爪が出っぱなしになっていることもあります。老齢化により爪研ぎの回数が減ったり、外側の爪が剥がれないことや新陳代謝の低下、乾燥などの原因が考えられます。

爪は線維状のタンパク質であるケラチンで構成されていますので、全身の栄養状態は爪に影響を及ぼしやすいと考えられます。爪の様子は高齢猫ちゃんの健康状態の指標の一つになりますので、ぜひ日頃からチェックしてみてください。ただし、指先を無理にさわると嫌がる猫ちゃんもいますので、注意しながら行ってください。

東洋医学では、爪は肝臓と密接な関係があるといわれています。爪が硬いか、もろいか、厚いか、薄いか、あるいは色の枯萎《こい》(枯れしぼむ)、潤沢《じゅんたく》かによって肝臓が健全かどうかを診察できるとされています。例えば、肝臓が貯えている血液が不足した場合、爪は軟らかくて薄くなり色艶が淡白で、中間に窪みが現れたりします。また加齢によって体が衰え、肝血が旺盛でない時にも、枯れたように脆くなることがあります。爪は健康のバロメーターなのです。

3 肉球診断をしよう

肉球診断をはじめる前に

肉球診断チェックの6つのステップ

肉球は、体調によって変化しますので、毎日チェックしましょう。

《チェックする時のポイント》

- 猫がリラックスしている時
- 猫と十分にスキンシップをとる
- 眠る前や食後、運動の後は猫の体温が高くなっているので、正確なチェックができないため行わない
- チェックする時間を決めて行う。そうすることで毎日の変化が分かりやすく、病気の早期発見につながる

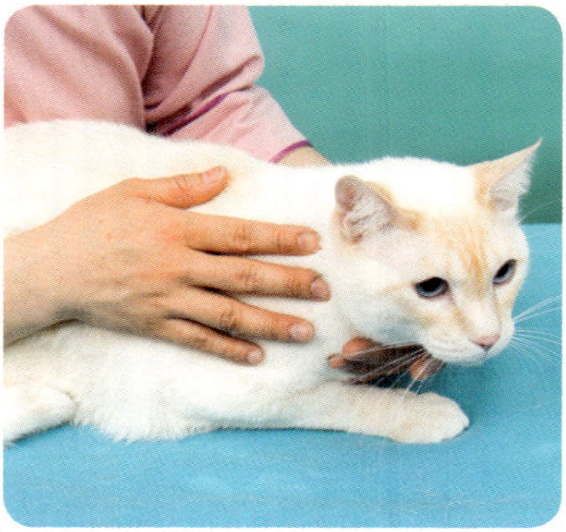

Step-1

スキンシップから始めよう

猫にとって肉球はデリケートな部位。肉球チェックの前に猫とのスキンシップをして、猫がリラックスしてからチェックを行いましょう。

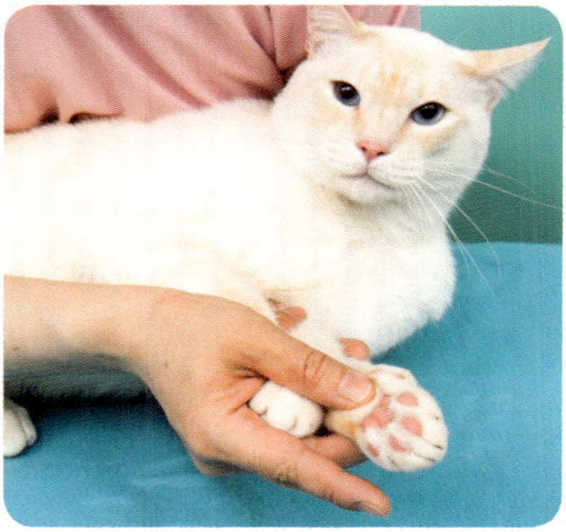

Step-2

チェックする足を決めよう

毎日同じ足をチェックすることで、温度や臭い・弾力などの変化に気づきやすくなります。猫は後足を触られるのを嫌がることが多いので、前足を選ぶとよいでしょう。

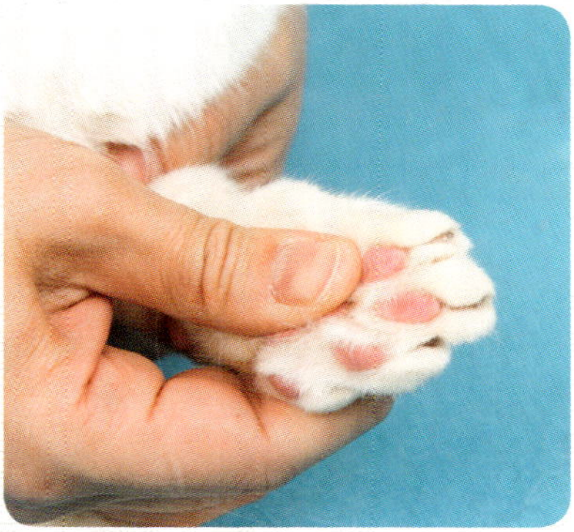

Step-3

温度をチェックしよう

猫の体温は 38 ～ 39℃が平温です。人より少し高めですので、触って温かいと感じる程度が健康な状態です。熱過ぎる、または冷たいと感じたら要注意です。

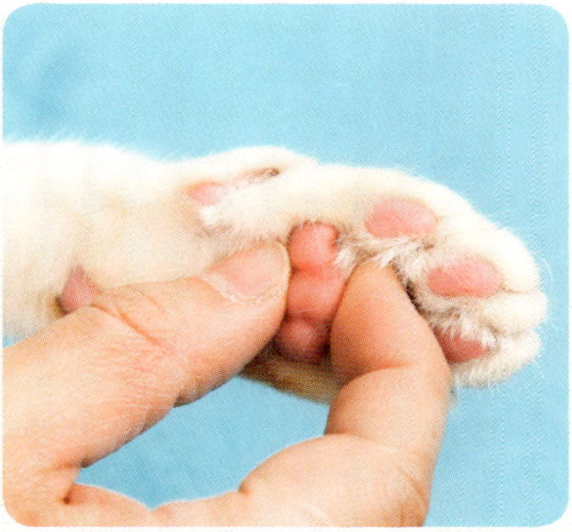

Step-4

弾力をチェックしよう

掌球を軽く押して跳ね返ってくるような弾力があれば健康な状態です。跳ね返ってこない場合は、体内の水分の不足状態が考えられます。

Step-5

匂いを嗅いでみよう

猫は犬と違って体臭はあまり感じられません。肉球の臭いを嗅いで普段と違う強い悪臭がしたら、疾患の疑いがあります。

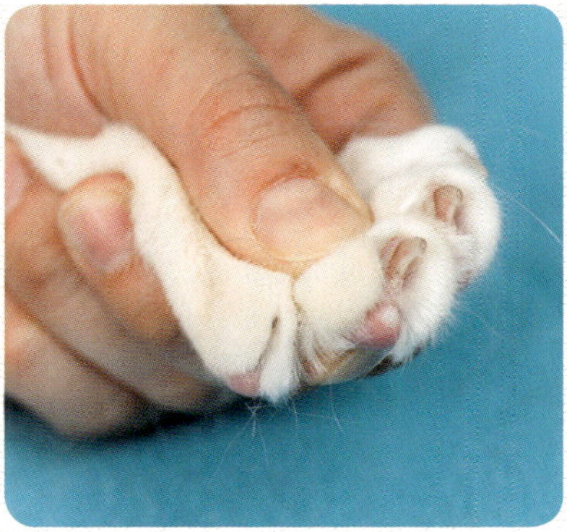

Step-6

爪のチェックをしよう

爪にも猫の体調が反映します。指の付根を軽く押すと爪が出てきますので、割れていないか、もろくなっていないか、厚くなっていないかチェックしましょう。

８つのタイプの当てはまる項目にチェックを入れて下さい。
チェックが多かったタイプが猫ちゃんの体質です。体質は１つに限らず２つ以上混じり合ったタイプもあります。どのタイプにも該当しない場合は健康な状態です。

チェックが終わったら、40ページでタイプを確認してみよう。

瘀血《おけつ》タイプ

- □肉球の色が沈んだように悪い
- □皮膚にザラつきがある
- □皮膚にシミが出やすい
- □舌に瘀斑《おはん》ができることもある
- □腫瘍になりやすい
- □出血しやすい

気滞《きたい》タイプ

- □肉球が冷たい
- □肉球が湿っている
- □情緒が不安定
- □イライラしやすい
- □不眠
- □腹部に張りがある

痰湿《たんしつ》タイプ

- □肉球がかなり湿っている
- □肉球に強い悪臭がある
- □むくみがある
- □口の中が粘りっぽい
- □軟便傾向
- □吐気がある

津液不足《しんえきぶそく》タイプ

- □肉球が乾燥している
- □口・喉・目が乾燥している
- □被毛がパサパサ
- □尿量が少ない
- □便が硬い
- □体にほてりがある

猫のタイプを調べてみよう

肉球体質診断チェック表

気虚《ききょ》タイプ

- □肉球の弾力がない
- □疲れやすい
- □食が細い
- □胃腸が弱い
- □風邪を引きやすい
- □皮膚がたるんでいる

血虚《けっきょ》タイプ

- □肉球がひび割れている
- □肉球が乾燥し鱗屑《りんせつ》化《か》※している
  ※表皮の角質が肥厚し、剥離したもの
- □爪が縦割れしている
- □貧血を起こしやすい
- □不眠
- □目のトラブルがある

陰虚《いんきょ》タイプ

- □肉球の色が赤みがかっている
- □肉球にほてりがある
- □四肢（手足）にほてりがある
- □痩せ傾向
- □皮膚・被毛が乾燥しやすい
- □暑がり

陽虚《ようきょ》タイプ

- □肉球が冷たい
- □肉球の色が薄い
- □虚弱体質
- □排尿回数が多い
- □胃腸が弱く、下痢しやすい
- □寒がりで四肢が冷たい

あなたの猫はどのタイプ？

肉球体質診断チェックで当てはまった項目が1番多かったのが猫ちゃんのタイプです。

瘀《お》血《けつ》

血液ドロドロで元気がない猫ちゃんタイプ

血液がドロドロのため、血行が悪く疲れやすい。循環器系の病気になりやすい。

【P.50参照】

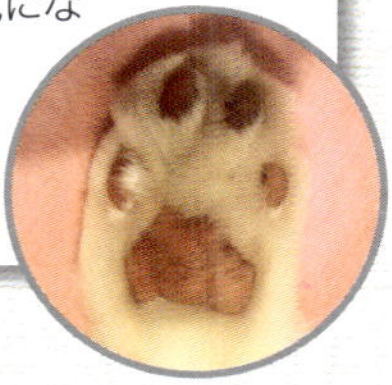

気《き》滞《たい》

イライラして機嫌が悪い猫ちゃんタイプ

興奮しやすく、常にイライラしている。ストレスによる緊張で体が冷えやすい。

【P.54参照】

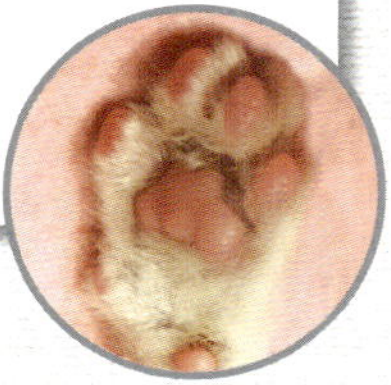

気《き》虚《きょ》

元気がなくて疲れやすい猫ちゃんタイプ

虚弱体質で、体力がなく病気に罹りやすい。胃腸が弱く食が細い。

【P.42参照】

陰《いん》虚《きょ》

渇いてのぼせやすい猫ちゃんタイプ

痩せた猫に多く、暑がりで頻繁に水を飲みたがる。自律神経が乱れている。

【P.58参照】

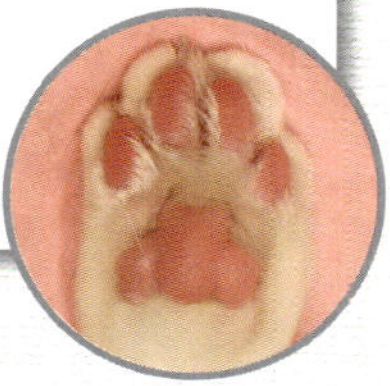

血《けっ》虚《きょ》

血液不足で肉球が乾燥気味の猫ちゃんタイプ

血液が不足しているので栄養が行き届かない。そのため貧血状態になりやすい。

【P.46参照】

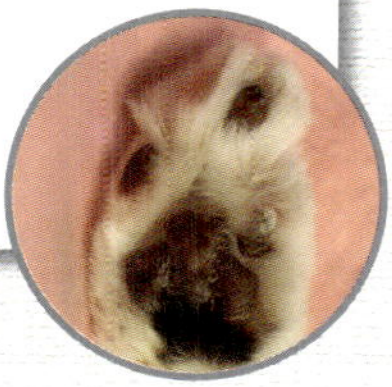

気《き》滞《たい》血《けつ》瘀《お》

イライラして動きが重い猫ちゃんタイプ

神経質でイライラし、緊張による冷えやのぼせで、体調をこわしやすい。「気滞タイプ」と「瘀血タイプ」が混じり合ったタイプ。

【P.74 参照】

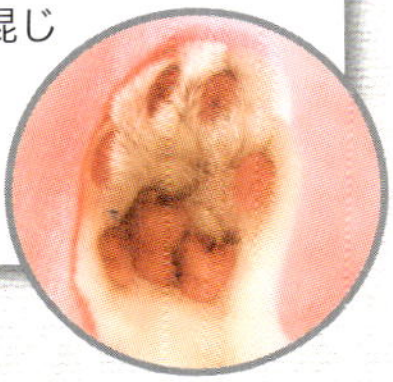

陽《よう》虚《きょ》

寒がりで元気がない猫ちゃんタイプ

衰弱体質で寒がり。低体温のため病気に罹りやすい。

【P.62参照】

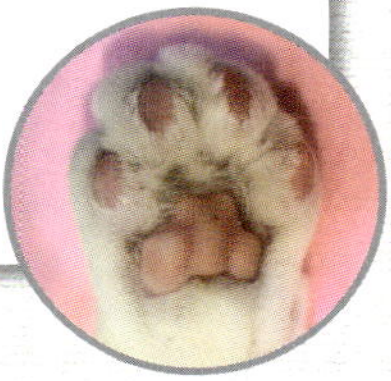

気《き》血《けつ》陽《よう》虚《きょ》

気血が不足し低体温の猫ちゃんタイプ

気血が不足し、体温低下で体が冷えている。衰弱体質で体力がない。「陽虚タイプ」と「気虚タイプ」、「血虚タイプ」が混じり合ったタイプ。

【P.78 参照】

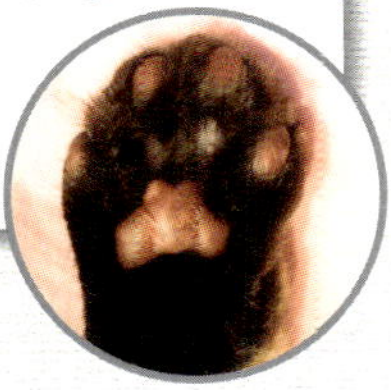

痰《たん》湿《しつ》

代謝が悪くてむくんでいる猫ちゃんタイプ

代謝が悪く、老廃物が体内に溜まりやすく、むくみがある。

【P.66参照】

気《き》血《けつ》津《しん》液《えき》不《ぶ》足《そく》

気・血・津液が不足した猫ちゃんタイプ

エネルギーを消耗し、体が乾燥した状態。衰弱体質で胃腸が弱く風邪に罹りやすい。「津液不足タイプ」と「気虚タイプ」、「血虚タイプ」が混じり合ったタイプ。

【P.82参照】

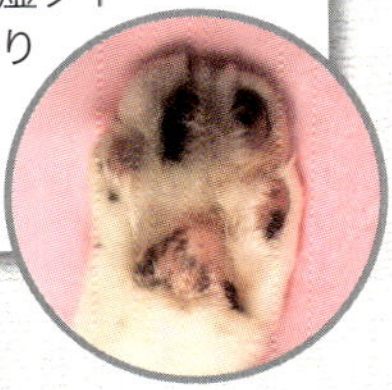

津《しん》液《えき》不《ぶ》足《そく》

乾燥気味でカサカサの猫ちゃんタイプ

体内の水分が不足しているため、乾燥して皮膚や被毛がカサカサしている。

【P.70参照】

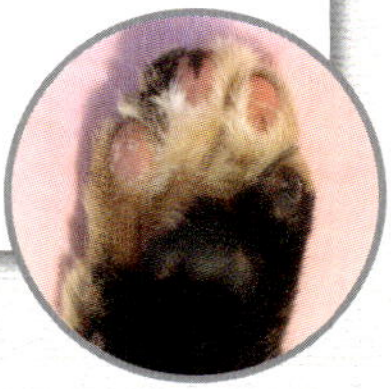

気虚（ききょ）

「気」が不足して、元気が出ない状態

「気」は、動物が生きていくための原動力です。気が不足すると全身がだるくなったり、食欲不振や無気力な状態になってしまい、体力の低下により感染症に罹りやすくなってしまいます。気は、主に食べ物が胃腸で消化吸収された栄養物質によって作られます。

　気虚タイプの猫には、胃腸を冷やす食べ物や消化しにくい生ものは避け、温かくて消化の良い物を与えましょう。また、過食は胃腸に負担を与えるので厳禁です。

肉球の状態

弾力がなく、艶がなくなる。

症　状

疲れやすくなり、あまり動きたがらない。常に寝ているか、横になっていることが多い。

罹りやすい病気と体質

体力の低下、虚弱体質、胃腸が弱い　風邪を引きやすい。

原　因

ストレスや加齢、運動のし過ぎ、手術の後や慢性の病気などによる体力の低下。

有効なツボ

①合谷　②気海

●ウラル（13才／オス／去勢／ロシアンブルー）

3年前に慢性の膀胱炎が悪化し、生死をさまよいましたが、奇跡的に復活。しかし、その後、高齢のせいもあり体力が低下気味になり、寝ている時間が長くなってきました。肉球の弾力もなくなってきています。

艶がない
弾力がない

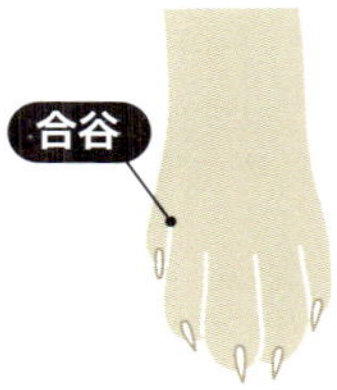

【左前足】

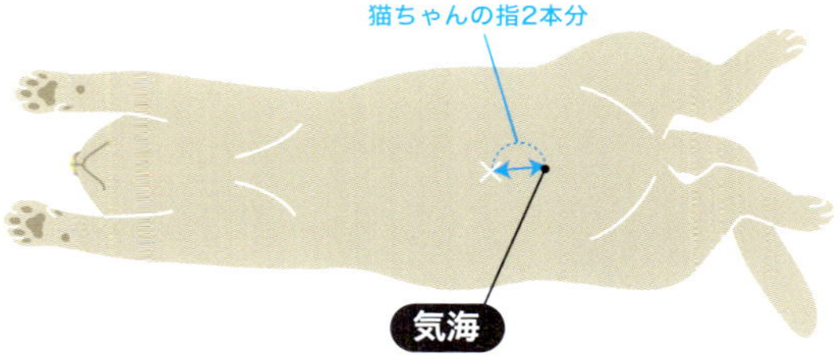

※猫ちゃんのおへそは腹面のほぼ中心にあり毛が少し渦を巻いています。

❶ 合谷（ごうこく）　＊大腸経

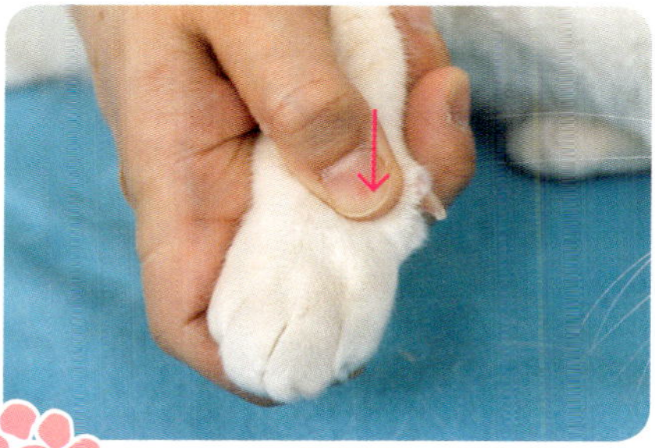

Point
合谷は、口、顔、鼻、目のトラブルに有効なツボです。

前足の第１指と第２指の骨と骨が交差した箇所の手前の水かき部分にあるツボです。
気虚症状の時の常用穴です。大腸経は肺経と関係があるため、肺の気を補うことができます。

親指で足裏に向かって押し込むように指圧します（左右６～10回）。

❷ 気海（きかい）　＊任脈

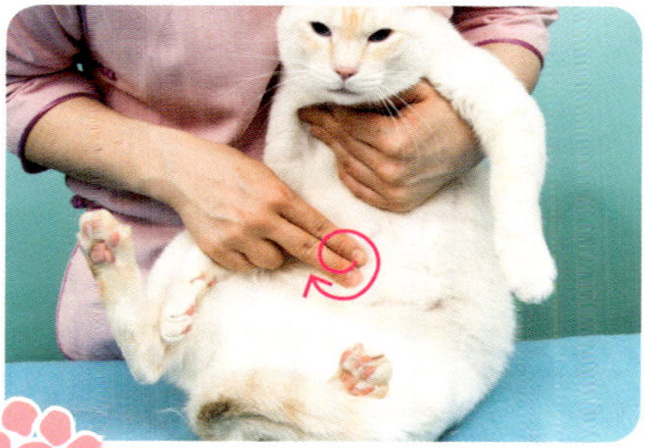

Point
気海は、下痢、便秘、急性嘔吐、尿漏れにも有効なツボです。

おへそから猫ちゃんの指で２本分下にあるツボです。
気海の気は生まれながらに持っている気、海は集まるところ、先天の気が集まるところです。気を補う働きがあります。

２本の指の腹で、ひらがなの「の」字を書くように優しく円マッサージをします（6～10回）。

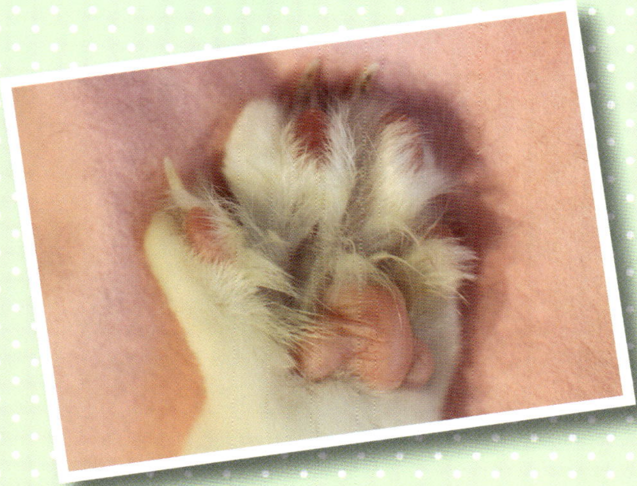

●うめ（16才／メス／避妊／雑種）
若い頃は、病気もせず、健康でしたが、最近になって、多飲多尿が気になり来院しました。検査をしたところ、腎機能のわずかな低下が認められ、現在、治療中です。

●メイ（6才／メス／避妊／ロシアンブルー）
子猫の頃より、病弱で、通院を繰り返しています。いつも風邪気味で、食が細く、虚弱体質です。

血虚（けっきょ）

血液不足で、乾燥している状態

東洋医学では、「血《けつ》」は「心《しん》」に栄養を送り、心の安定などの精神活動を支えていると考えられています。血が不足すると、動悸や息切れ、不眠、精神不安などの症状が表れる場合があります。特に雌猫は生理があるため、雄猫よりも血虚になりやすい傾向があります。

　血虚タイプの猫は、偏った食事や無理なダイエットなどは行わないようにしましょう。また、睡眠不足や運動のし過ぎも血が不足する大きな要因となるので注意しましょう。

肉球の状態

乾燥し、ひび割れや鱗屑《りんせつ》化《か》（表皮の角質が肥厚し、剥離したもの）している。貧血傾向で色も薄い。

症　状

血液が不足しているため体内に十分な栄養が行き届かない。

罹りやすい病気と体質

貧血、眼病になりやすい。

原　因

適正な栄養が十分に摂れていないため。

有効なツボ

①神門　②血海

●ハイ（13歳以上＊推定／メス／避妊／雑種）

若い頃から目ヤニが多く、目が慢性的にショボショボしています。被毛もパサツキ気味で、鼻や唇、耳の色など、顔色がよくありません。

爪が縦割れ
鱗屑《りんせつ》化《か》
ひび割れ

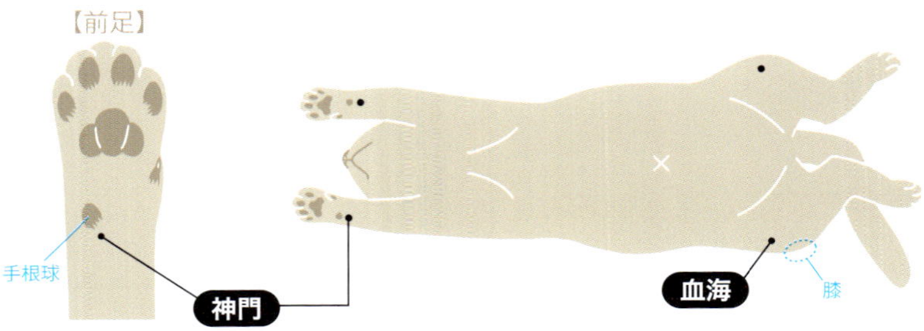

❶ 神門（しんもん）　＊心経

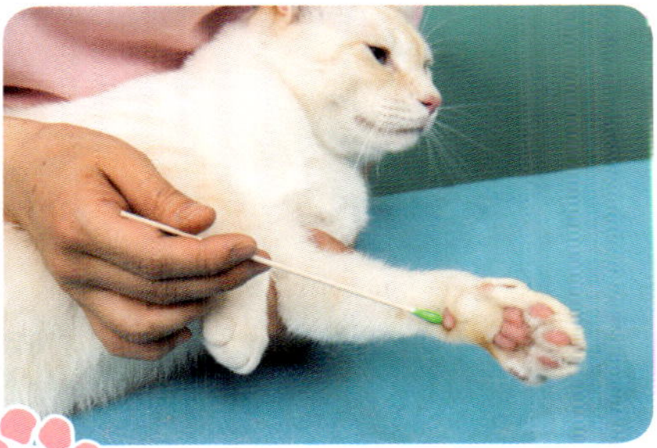

前足の手根球の下にある筋肉の親指側にあるツボです。
神門は精神活動を管理するという意味です。神門を刺激して消耗した血を補います。

猫の前足は小さいので、綿棒など先の丸くなったもので、押してください（左右６～10回）。

Point
神門は、イライラや不安感などの精神的な症状や疾患に有効なツボです。

❷ 血海（けっかい）　＊脾経

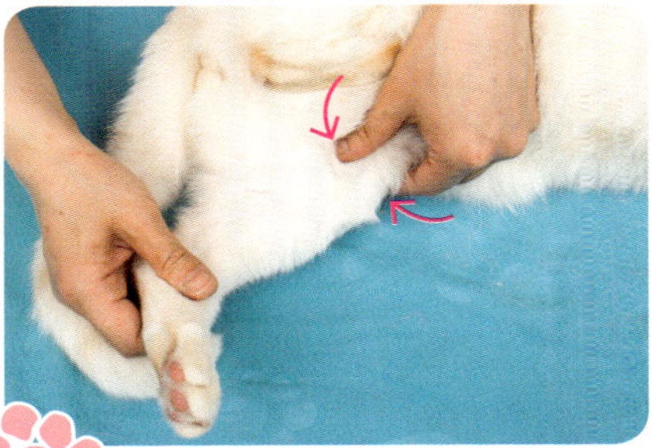

後足の内側で、膝蓋骨のやや上側にある窪みにあります。
血の病気に関係しているツボです。血を生み出す作用がありますので、血が不足している状態を改善します。

親指と人差し指で挟み込むように優しく指圧します（左右６～10回）。

※力を入れ過ぎないように注意してください。

Point
血海は、血流を促進し瘀血（汚れた血）を改善するため、皮膚病にも有効なツボです。

●海
（2才／オス／去勢／雑種）
アトピー性皮膚炎があり、常に体を痒がっています。また、被毛も抜けやすく、光沢がありません。

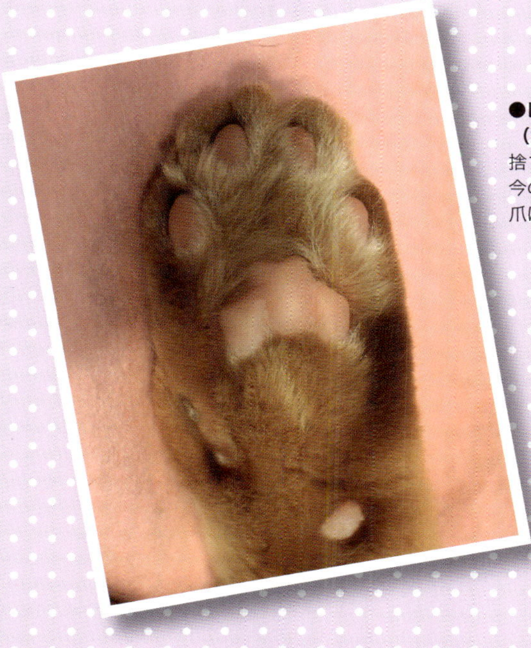

●レオン
（2才／オス／去勢／雑種）
捨て猫で、エイズのキャリアです。今のところ、見かけ上は健康ですが、爪に光沢がなく、もろくなっています。

瘀血（おけつ）

血液ドロドロで、元気が出ない状態

体内でドロドロになって滞っている「血《けつ》」のことを「瘀血《おけつ》」といいます。瘀血になってしまう原因はさまざまですが、食生活やストレス、運動不足などの生活習慣の乱れによって気の巡りが滞ることが大きな要因とされています。

瘀血は皮膚病や癌・脳の血管障害・難病などを引き起こす恐れがあるため、早期改善が重要です。

瘀血タイプの猫は、ストレスを溜めないようにコミュニケーションをとり、適度な運動を行い、体を温める食べ物を与えるようにしましょう。

肉球の状態

シミが増える、青紫色、ザラザラしている。

症　状

血液がドロドロのため血流が悪く、舌に瘀斑《おはん》（瘀血によって皮膚表面や舌にできる斑点やシミ）が現れることもある。疲れやすい。

罹りやすい病気と体質

循環器系の病気、腫瘍、皮膚病。

原　因

ストレスや運動不足、脂っぽいフードの摂り過ぎ。

有効なツボ

①至陰　②曲池

●のばら（11 才 ／メス／避妊／ロシアンブルー）
糖尿病のため、5 年以上、毎日インスリンの注射をされている。皮膚はどす黒く、ところどころにシミがある。肉球もやや黒ずんでいる。

＊瘀血の肉球

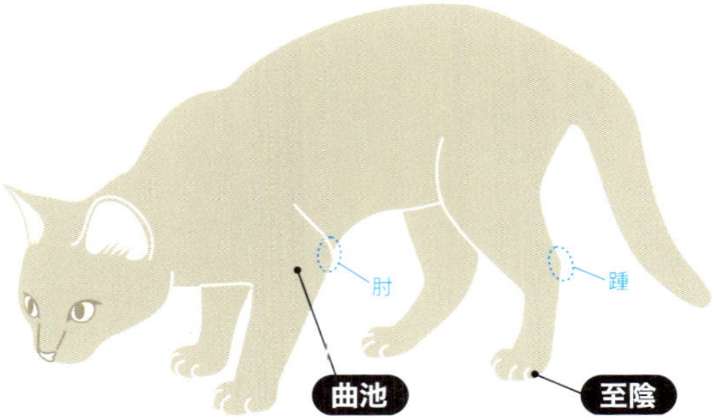

❶ 至陰（しいん）　＊膀胱経

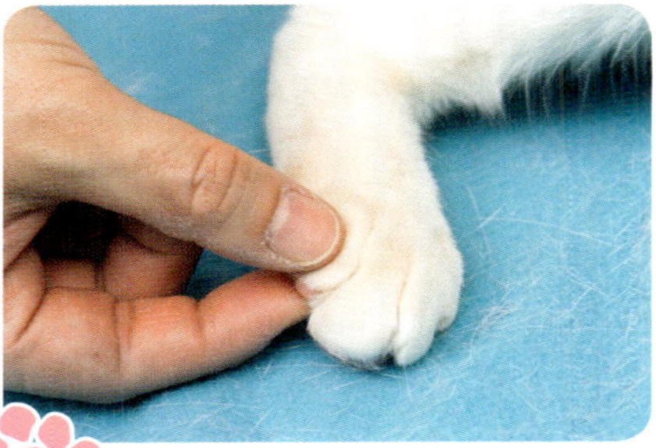

至陰は、後足の甲側で、第5趾の爪の外側の付根にあるツボです。
血液循環を改善します。

親指と人差し指で挟んで、もみもみします（左右各6～10回）。

Point

至陰は、腰の冷えにも有効なツボです。

※足先を触られるのを嫌う猫ちゃんが多いので、後足の付根からつま先に向かってさすりながら少しずつ慣らして行います。嫌がる場合は無理に行わないでください。

❷ 曲池（きょくち）　＊大腸経

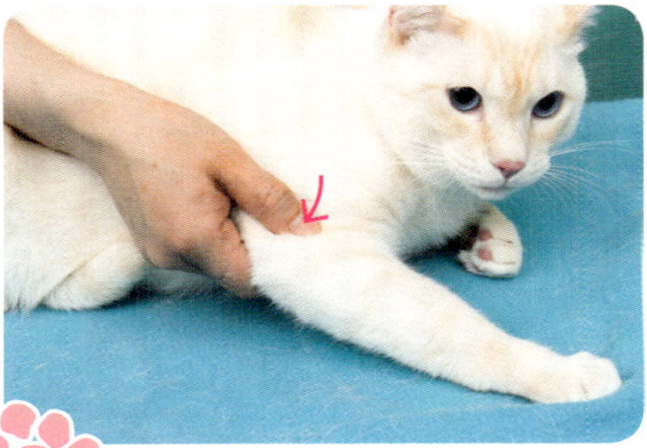

前足の肘関節の外側で、肘を曲げた時にできるシワの内側にあるツボです。
血液循環を改善します。
親指で押し込むように指圧します（左右6～10回）。

Point

曲池は、肩や前足の痛みの改善にも有効です。

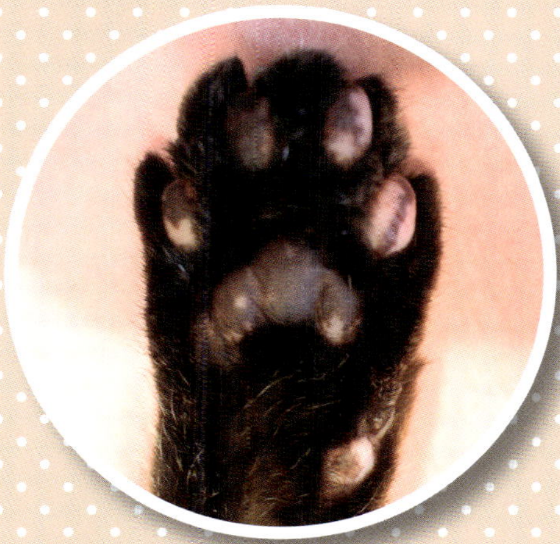

●しぐれ（15才／オス／去勢／雑種）
数年前より、胸部に乳腺腫瘍があり、最近では、そこを舐め壊し、自壊している。

●きびね（9才／オス／去勢／雑種）
突発性心筋症という循環器疾患を患っており、2年以上、投薬を続けている、舌の色が黒っぽい。

気滞（きたい）

イライラして機嫌が悪く、冷え性

「気」は、「肝」の働きによって全身に運ばれていきます。肝はストレスによるダメージを受けやすい臓器で、肝の機能が低下すると気が滞ってしまいます。気滞になると興奮しやすくイライラしたり、抑うつ状態になりやすくなります。

　気滞タイプの猫は、ゆっくりと休養をとり、ストレスを取り除くことで気の巡りが改善されます。気滞の状態が続くと、血や津液の流れも悪くなってしまうので、早めに対処しましょう。

肉球の状態

湿っていて、冷たい。

症　状

興奮しやすくイライラしている。緊張により体が冷えやすい。
目の充血、体が細く筋肉質。

罹りやすい病気と体質

冷え性、神経質で不安症傾向。

原　因

運動不足、ストレス、神経質で些細なことに興奮するタイプや食べ過ぎの猫ちゃんに多い。

有効なツボ

①井穴　②気海

●シオン（9才／オス／去勢／アメリカンカール）
極度の人間嫌いで、飼い主にもなつかない。いつもおこりん坊なので、飼い主も触れることができない。

冷たい
湿っている

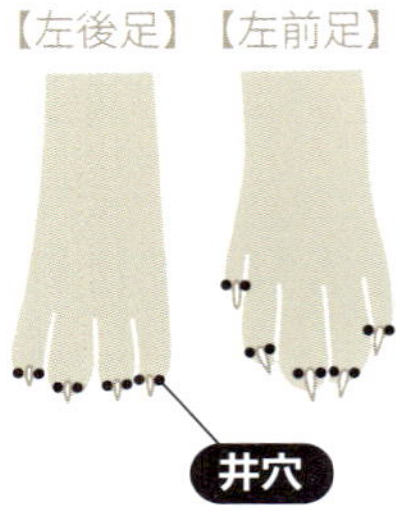

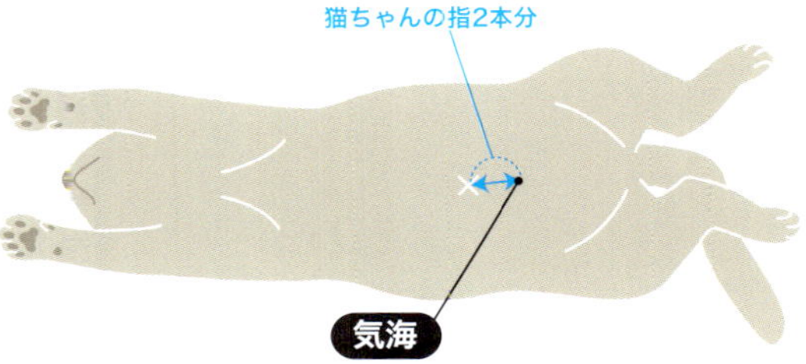

※猫ちゃんのおへそは腹面のほぼ中心にあり毛が少し渦を巻いています。

❶ 井穴（せいけつ）　＊12 経絡

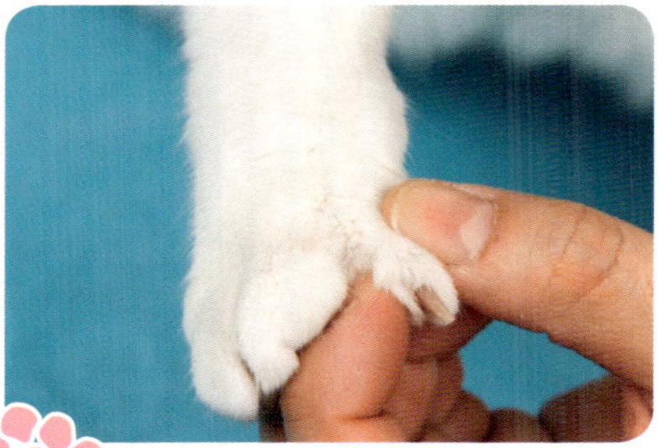

Point

井穴は、高血圧やアレルギー症状、動悸、風邪の改善に有効なツボです。

前足と後足の指先で、爪の際《きわ》の両脇にあるツボのことを井穴と呼びます。12 経絡の始まりと終わりが指先にありますので、井穴を刺激することで、気の巡りが改善します。

親指と人差し指で、爪の両脇を指圧します。

※足先を触られるのを嫌う猫ちゃんが多いので、腕からつま先に向かってさすりながら少しずつ慣らして行います。嫌がる場合は無理に行わないでください。

❷ 気海（きかい）　＊任脈

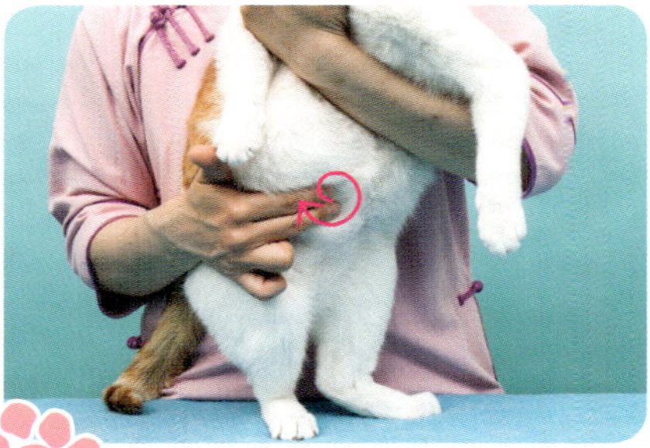

Point

気海は、下痢、便秘、急性嘔吐、尿漏れにも有効なツボです。

おへそから猫ちゃんの指で 2 本分下にあるツボです。
気海の気は生まれながらに持っている気、海は集まるところ、先天の気が集まるところです。気を補う働きがあります。

2 本の指の腹で、ひらがなの「の」字を書くように優しく円マッサージをします (6 ～ 10 回)。

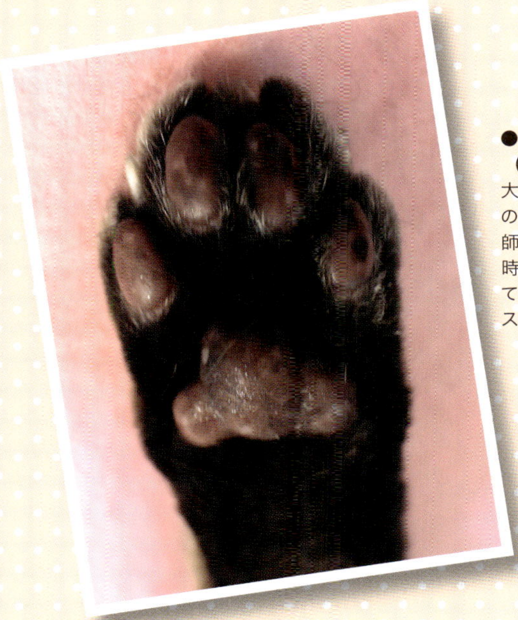

●きなこ
（17才 ／メス／避妊／雑種）
大の病院嫌い。腎不全を患っているので、定期的に来院するが、獣医師も怖くて触ることが難しい。来院時は、いつも洗濯ネットに入れられている。治療の際はいつも、病院のスタッフ総出で押え付けられている。

●シロ
（9才 ／オス／去勢／雑種）
元ノラ猫出身で、今は室内飼い。お外が恋しくて、時々、脱走しては、喧嘩して帰宅。喧嘩は一応、勝っているらしい。

陰虚（いんきょ）

渇いてのぼせやすい状態

「陰虚」は津液《しんえき》が不足した状態で、8才以上の猫によくみられます。津液が不足すると体が火照《ほて》って熱くなり、目や口、のどが渇きやすくなります。特に秋の乾燥に弱く、皮膚が乾燥してカサカサしたり、咳が出たりします。外飼いの猫のほうが陰虚になりやすい傾向があります。

陰虚タイプの猫は、冷たい飲み物に注意し、体に潤いを与える食べ物を積極的に与えましょう。十分に体を休ませ、ストレスや疲れをため過ぎないように気をつけましょう。

肉球の状態

火照《ほて》りがある。赤みがかった色。

症　状

体が熱いため寒い日でも水を頻繁に飲む。体の火照りのため舌が赤くなる。皮膚の乾燥。目、鼻、唇の乾燥。体毛に艶がない。

罹りやすい病気と体質

暑がり、自律神経の異常、痩せた猫に多い、便秘。

原　因

自律神経のバランスの崩れ。体の水分不足。

有効なツボ

①湧泉　②太谿

●みっく（14才／オス／去勢／雑種）

老齢のため、体のラジエーターの役目をする陰液（栄養水分）が少なくなり、体がほてり気味。痩せ気味で、神経質。

赤みがかった色
熱っぽい

【後足】

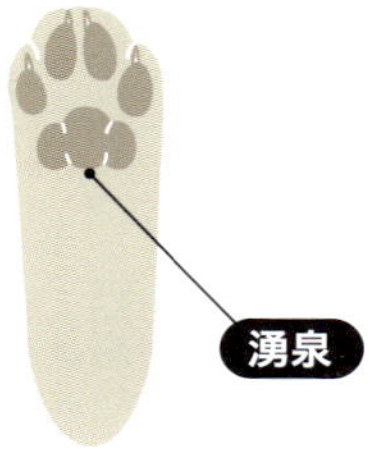

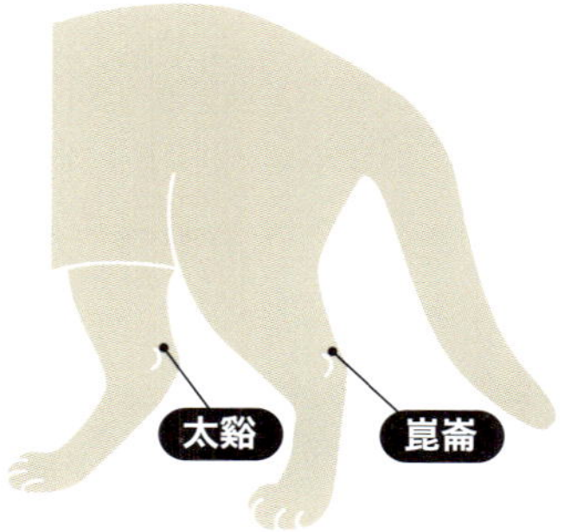

❶ 湧泉（ゆうせん）　＊腎経

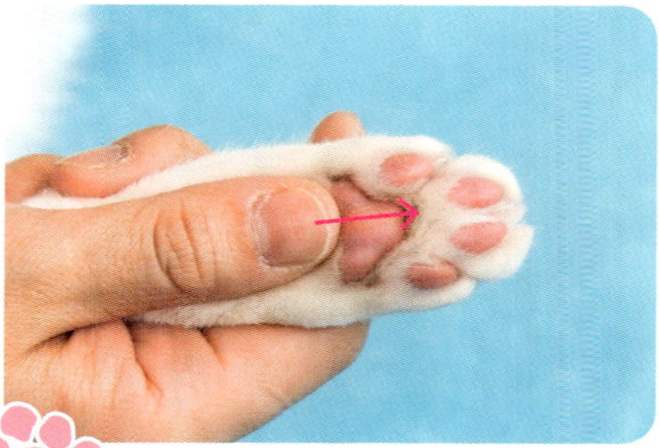

後足の足底球の足首側にあるツボです。湧泉は「水が湧き出す」という意味があります。水（津液）を統括する腎を丈夫にするツボです。体を潤す作用があります。

親指で、爪先に向かって指圧します（左右6～10回）。

Point
湧泉は、腎経の重要なツボで救急穴です。高血圧、失神、水太りなどに有効です。

❷ 太谿（たいけい）　＊腎経

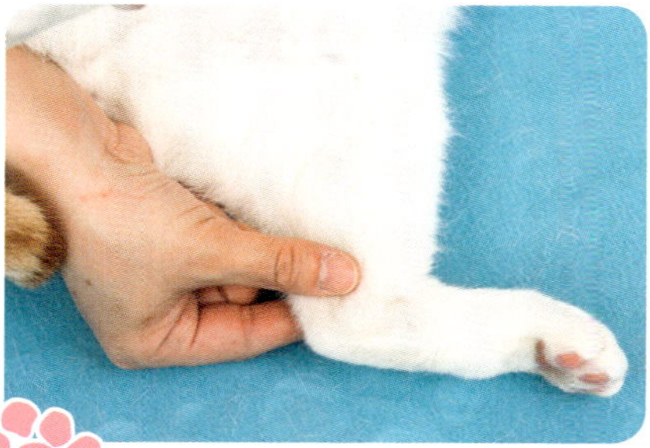

後足の内側で、内くるぶしとアキレス腱の間の窪んだところにあるツボです。太谿は「渓谷を流れる水」という意味があります。湧泉で湧き出た水《すい》が集まるところです。高齢になって体の水分が減った状態を改善します。

太谿の反対側に「崑崙《こんろん》」というツボがあり、2つを挟み込むようにもみもみします（左右6～10回）。

Point
太谿は、腰痛にも有効なツボです。崑崙と一緒にマッサージします

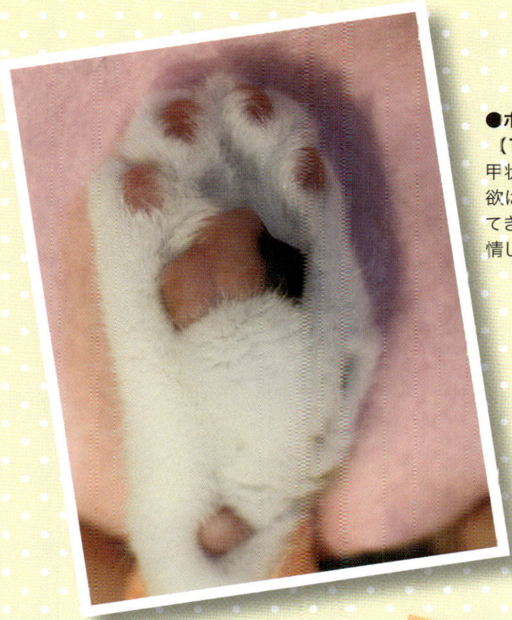

●ホルン
（16才 ／メス／避妊／雑種）
甲状腺機能亢進症に罹っていて、食欲は増してきているが、どんどん痩せてきている。目がランランとして、発情しているよう。

●たま
（11才 ／オス／去勢／雑種）
体や肉球が熱く、痩せていて、舌が赤い。心拍数がやや高め、イライラ気味。

陽虚（ようきょ）

衰弱体質で、体が冷えている状態

気の「温める」作用が低下するため、足腰が冷え寒がりになります。特に冬に体調を崩しがちです。体を休めても疲れがなかなか取れず、やる気が起こらず、鳴き声にも力が入らない状態です。尿の量も少なく体にむくみが出ることがあります。

陽虚タイプの猫は、夏でも体を冷やさないように気をつけましょう。胃腸を冷やす食べ物や生もの、冷たい物、消化の悪い物、脂っぽい物など、カロリーの高い物は与えないようにしましょう。

肉球の状態

冷えがある。薄い色でくすんでいる。

症　状

寒がり。低体温のため抱いても温かさを感じない。食欲不振。頻尿。

罹りやすい病気と体質

衰弱体質で冷え性。低体温のため病気に罹りやすい。

原　因

慢性的な病気や老化。虚弱体質。

有効なツボ

①労宮　②関元

●ピンク（7才／メス／避妊／雑種）

最近、体が冷たく、温かいところを好んで寝ている時間が長くなった。

冷たい
薄くてくすんだ色

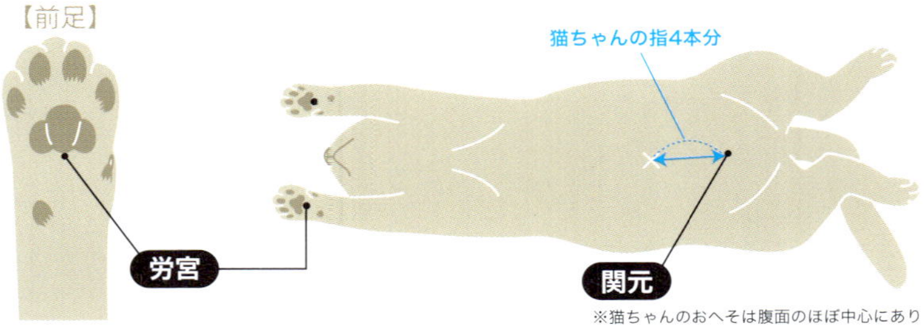

※猫ちゃんのおへそは腹面のほぼ中心にあり
毛が少し渦を巻いています。

❶ 労宮（ろうきゅう）　＊心包経

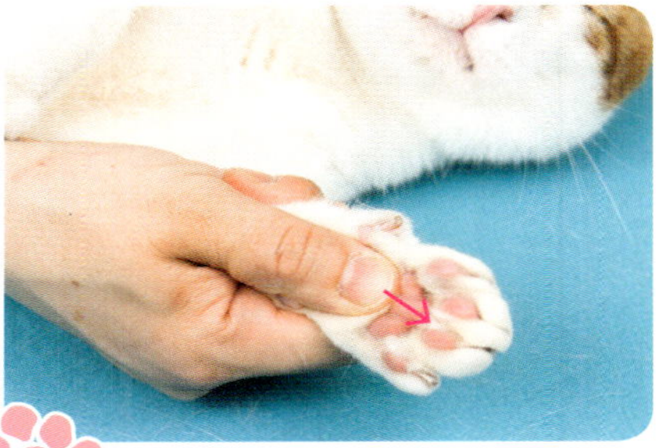

前足の掌球の足首側にあるツボです。
「労」は労働の労＝疲労という意味です。「宮」は君主のいるところ＝溜まる、集まるという意味で、疲れが溜まる場所ということです。循環器に作用し血行を改善し、全身へ酸素を供給して体を温めます。

親指で、爪先に向かって押します（左右６～10 回）。

Point
労宮は、副交感神経に作用し、ストレスの解消や精神の安定、口内炎にも有効です。

❷ 関元（かんげん）　＊任脈

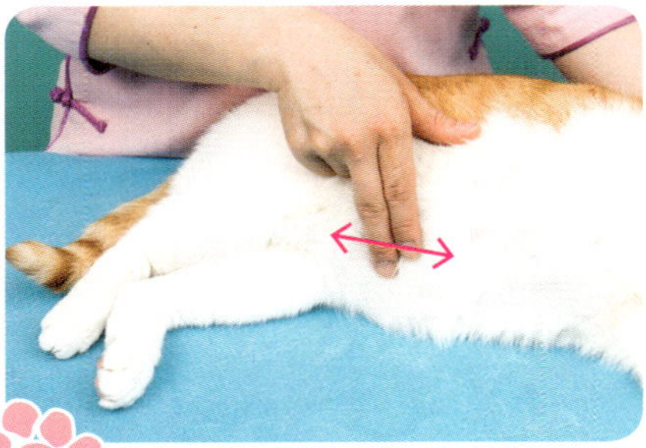

おへそから猫ちゃんの指で４本分下にあるツボです。
関元は、「元気を蓄えるところ」という意味があります。冷えをとり、体を温める作用があります。

任脈に沿って、２本の指の腹で関元の上下を優しくさすります（往復６～10 回）。

Point
関元は、排尿疾患、下腹部痛、ヘルニア、下痢、避妊症などにも有効です。

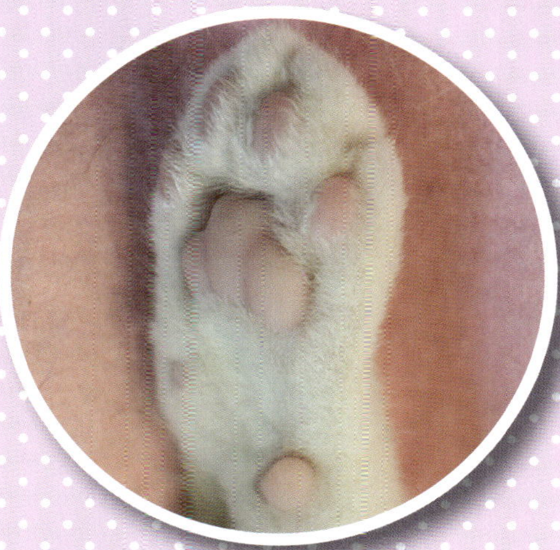

●シャンピー （10ヵ月 ／メス／避妊／雑種）
避妊手術後から太り始めて、動きが鈍くなった。前足や後足、体が冷たく、活力がない。

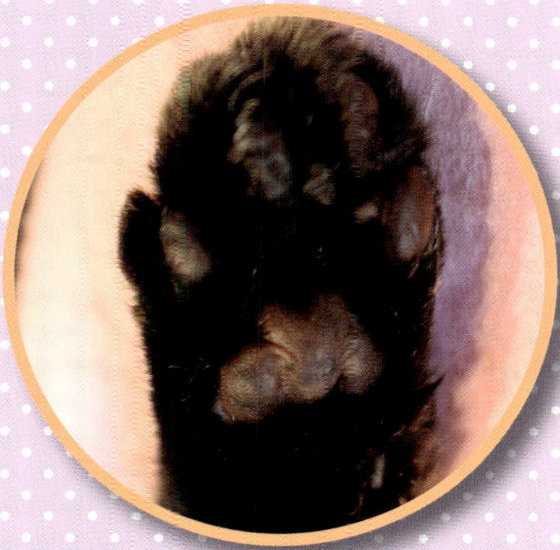

●ピー （10才 ／オス／去勢／雑種）
シニア期に入ってから元気がなくなり、いつも寝てばかりいる。グルーミング（毛繕い）もしなくなり、肉球が冷えている。

痰湿（たんしつ）

代謝が悪く、余分な水（津液）が過剰な状態

「痰湿」とは、体に余分な水分が溜まった状態です。脂っぽい物や甘い物、生ものなどの食べ過ぎや、湿度の高い生活環境も痰湿体質になりやすくなります。水分の代謝には、脾、肺、腎が関係しますが、特に腎の働きが低下すると水分が体に溜まりやすくなります。

痰湿タイプの猫は、体や足のむくみ、下痢、肥満、冷え性などの症状が見られます。利尿作用のある食べ物や体を温める食べ物を積極的に与え、適度な運動もさせましょう。

肉球の状態

むくんでいる、湿っている。

症　状

代謝異常で老廃物が体内に溜まりやすく、むくみがある。

津液がドロドロの状態。下痢、頻尿。

罹りやすい病気と体質

肥満傾向、代謝異常、脂質異常、糖尿病、高血圧症。

肉球の臭い

強い悪臭がする。

原　因

肥満の猫ちゃんに多い。脂っぽいフードの摂取などの栄養過多。

有効なツボ

①太淵　②中脘

●大春（15才／オス／去勢／雑種）

水太りタイプ。中性脂肪が高く治療中。肉球がいつも湿っている。ダイエットフードを食べても痩せない。

＊痰湿の肉球

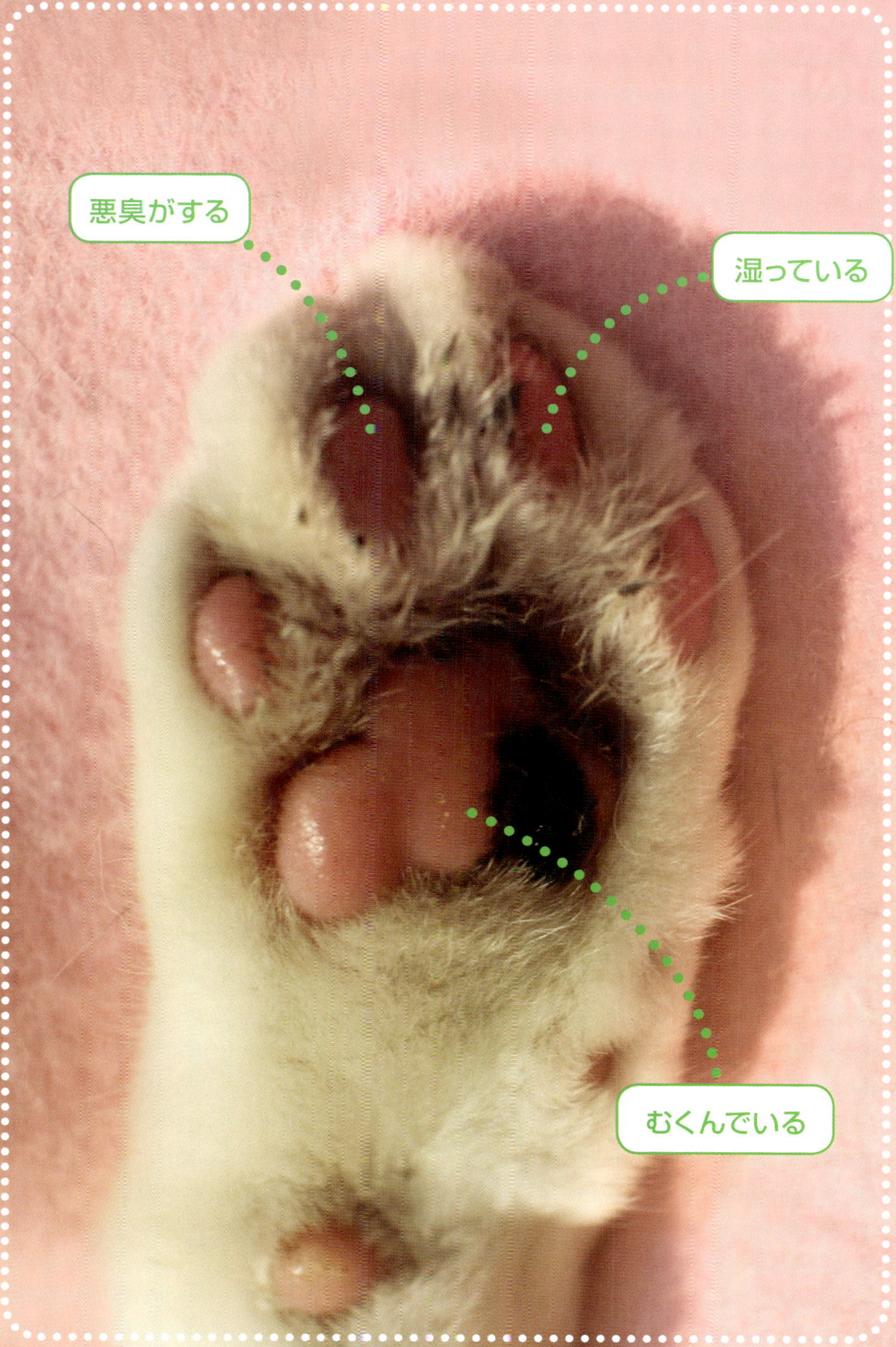

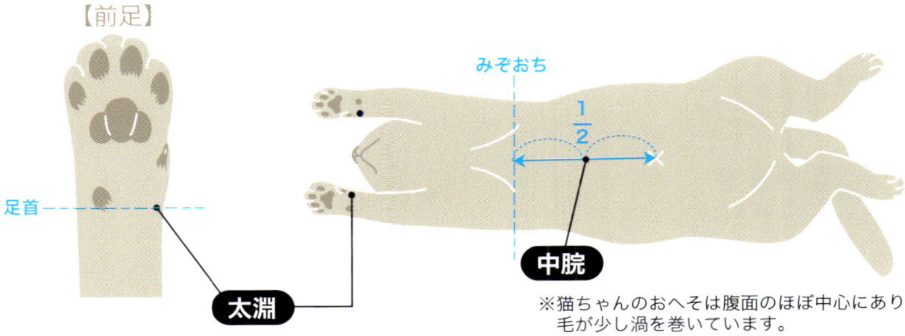
【前足】
足首
太淵
みぞおち
1
2
中脘

※猫ちゃんのおへそは腹面のほぼ中心にあり
毛が少し渦を巻いています。

❶ 太淵（たいえん）　＊肺経

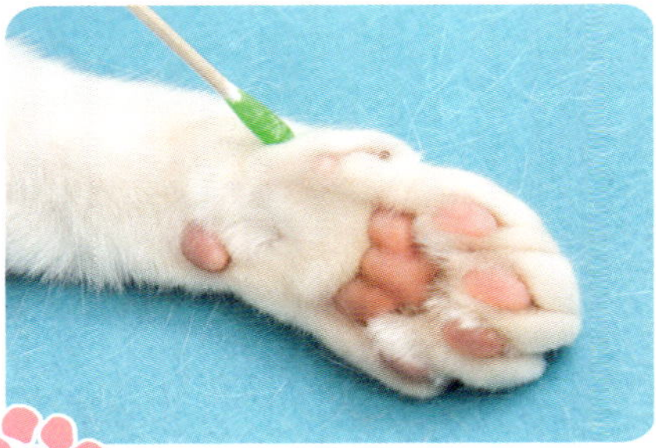

Point
太淵は、呼吸器系疾患やのどの痛み、前足の関節障害にも有効です。

前足内側の足首の親指側の窪んだところにあるツボです。
太淵は肺気が集まる場所です。肺の気の巡りを改善することで、余分な水分を取り去ります。

猫の足首は細いので、足首にあるツボは綿棒で押します。
太淵を綿棒で強めに押してください（左右6～10回）。

❷ 中脘（ちゅうかん）　＊任脈

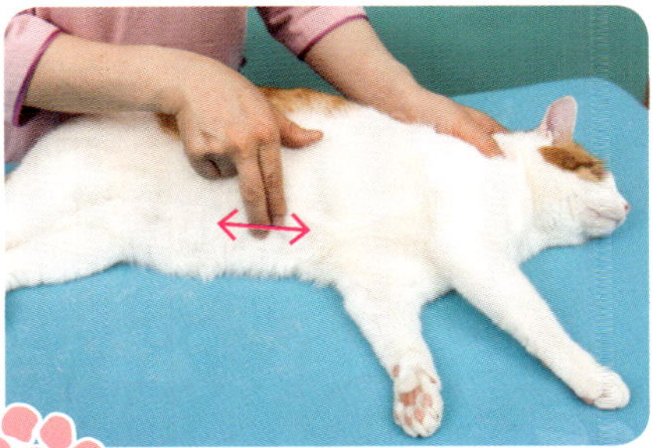

Point
中脘は、胃痛、食欲不振、消化不良、不眠などにも有効です。

みぞおちとおへそを結ぶ線上の、中間にあるツボです。
中脘は「胃の真ん中にある」という意味があります。胃の消化作用を助け、代謝を改善します。

任脈に沿って2本の指の腹で、中脘を上下に優しくさすります（往復6～10回）。

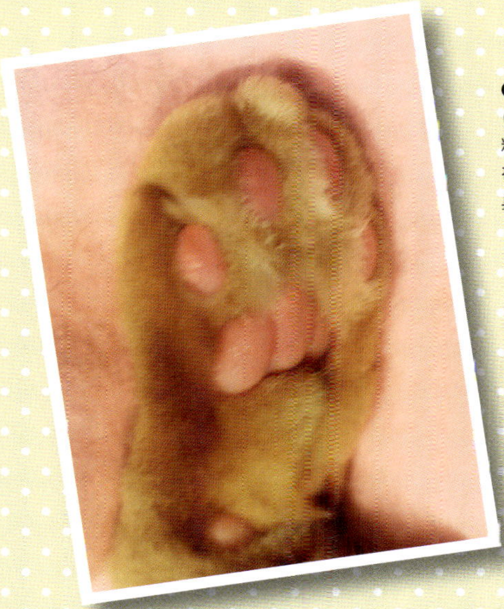

●茶太朗
(10ヵ月／オス／去勢／雑種)
糖尿病で3年前よりインスリンの注射をしている。肉球が常に湿っていて、臭いも強い。

津液不足（しんえきぶそく）

乾燥気味で、カサカサの状態

「津液不足」は、体内の水分が不足した状態です。津液が不足すると、体に潤いがなくなり、皮膚が乾燥してカサカサになったり、被毛もパサパサして艶がなくなってしまいます。また、胃腸の機能が弱っていると必要な水分を体内で上手く吸収できなくなり、ますます体の乾燥が進んでしまいます。

　津液不足タイプの猫は、体を冷やす水分が不足しているために火照ったり乾燥したりしますので、水分を補給して熱を取り除くことが大切です。

肉球の状態

火照《ほて》りがある、乾燥してカサカサしている。

症　状

皮膚や被毛がカサカサになる。目、鼻、口の周りなどの粘膜が乾燥する。尿の量が減り、便秘がちになる。のどが渇く。

罹りやすい病気と体質

乾燥肌、ドライアイ。

原　因

老化、疲れ過ぎ、慢性疾患、果物など体を冷やす食材の過剰摂取。運動のし過ぎ。

有効なツボ

①太淵　②廉泉

●クー（20才／オス／去勢／雑種）

1年前よりリンパ腫が発症したが、抗癌剤を使用せずに、自己免疫力を向上させるため、漢方薬の投与とマッサージを行っている。

＊津液不足の肉球

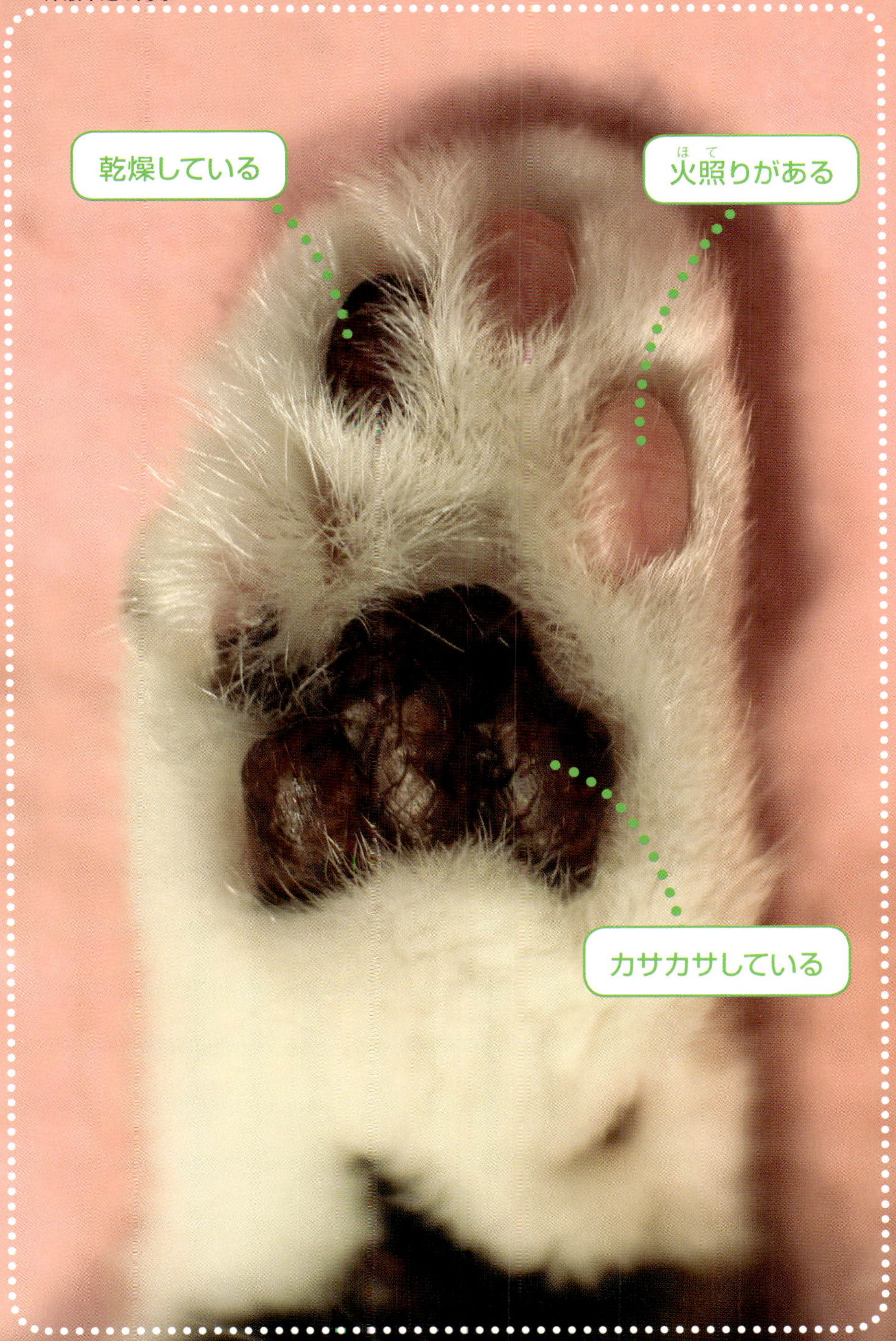
乾燥している
火《ほ》照《て》りがある
カサカサしている

❶ 太淵（たいえん）　＊肺経

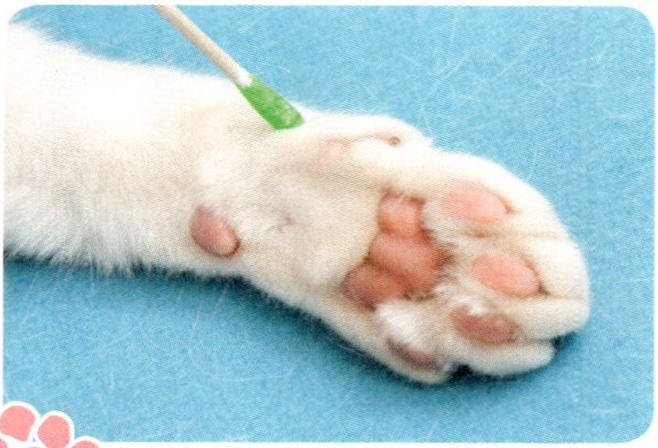

前足内側の足首の親指側の窪んだところにあるツボです。
太淵は肺気が集まる場所です。肺の気の巡りを改善することで、余分な水分を取り去ります。

猫の足首は細いので、足首にあるツボは綿棒で押します。
太淵を綿棒で弱めに押してください（左右6～10回）。

Point
太淵は、呼吸器系疾患やのどの痛み、前足の関節障害にも有効です。

❷ 廉泉（れんせん）　＊任脈

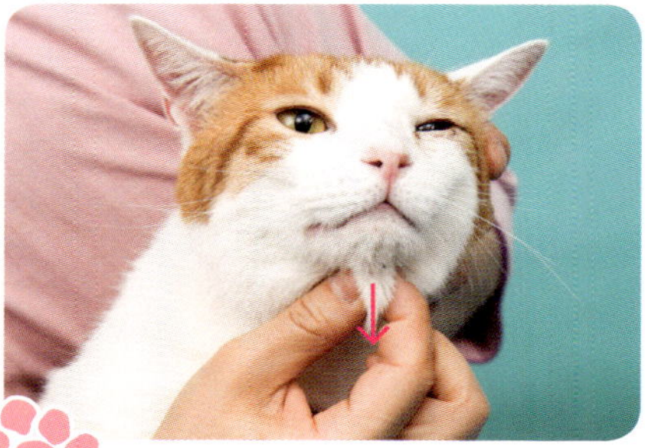

下顎の任脈上で、咽喉の骨の前にある窪みにあるツボです。
体に不要な水分を排出し、必要な潤いを与えます。

強く押すと咳を誘発するため、廉泉の下の皮膚を軽くピックアップします（6～10回）。

Point
廉泉は、風邪による気管支炎や舌炎、喉頭炎など、のどの痛みにも有効です。

●チャコ
（7才／メス／避妊／雑種）
口と舌が乾き、体がほてり気味。最近、目の輝きも少なくなってきた。

●まさむね
（7才／オス／去勢／雑種）
皮膚がカサカサで、多飲多尿気味。

気滞血瘀（きたいけつお）

イライラして、行動が鈍い状態

「気滞血瘀」は、気滞体質と瘀血体質が混じり合ったタイプです。気滞は気の巡りが悪くなり、滞った気が熱を帯びて上半身に溜まり、目の充血や睡眠障害、胸の痛みなどを引き起こします。また、瘀血は血の巡りが悪くなり、血が滞ってドロドロになっている状態です。瘀血体質のページでも説明しましたが、瘀血は癌や心臓疾患などの難病を引き起こす恐れがありますので、早目の体質改善が必要です。適度な運動や食事でストレスを緩和しましょう。

肉球の状態

湿っている、冷たい、沈んだ暗い色、シミ、ザラザラしている。

症　状

緊張による冷えやのぼせ、疲れやすい、イライラしている。

罹りやすい病気と体質

神経質、不安症、胃痛、循環器系疾患、腫瘍。

原　因

ストレス、運動不足、食べ過ぎ、脂っぽいフードの摂り過ぎ。

有効なツボ

①内関　②膻中

●そら（10才／オス／去勢／雑種）

外猫で、一年中風邪をひいている。慢性の鼻炎が治らず、いつも震えている。

＊気滞血瘀の肉球

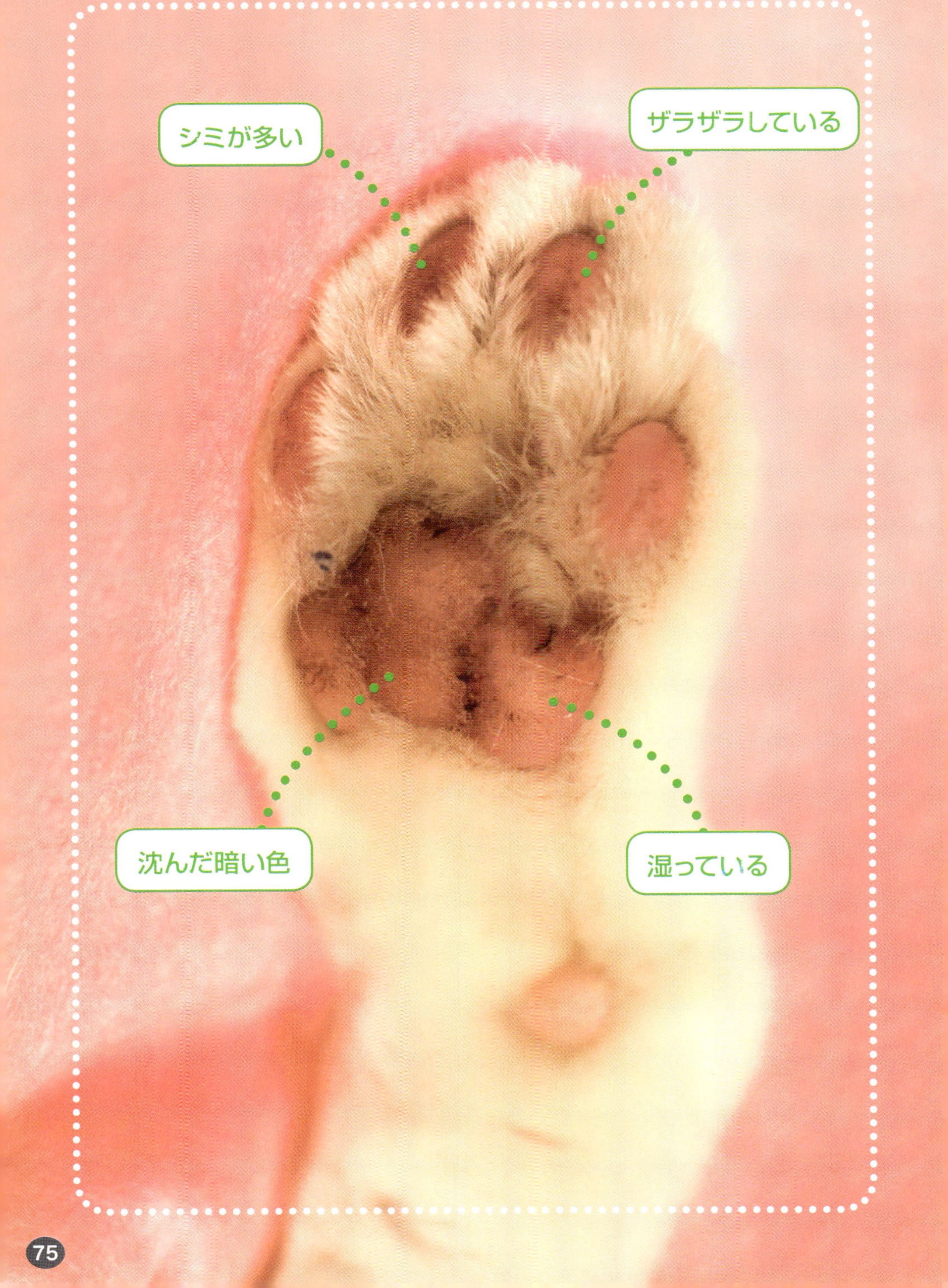

シミが多い
ザラザラしている
沈んだ暗い色
湿っている

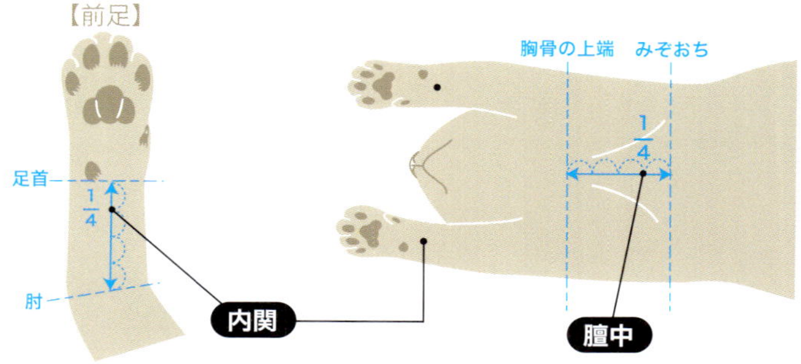
【前足】
足首
1/4
肘
内関
胸骨の上端
みぞおち
1/4
膻中

❶ 内関（ないかん）　＊心包経

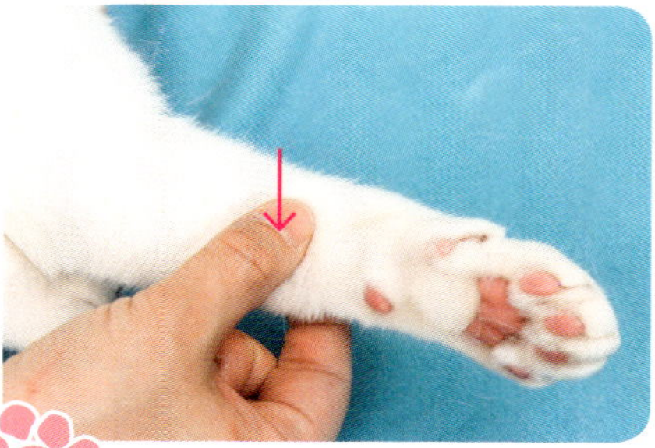

Point
内関は、車酔いにも有効なツボで、車に乗る 20 分前に指圧します。

前足の内側の足首と肘を結んだ線上で、足首から 1/4 にあるツボです。
内関は「内臓の関所」という意味があります。滞った気、血の流れを改善します。

親指を使って外側に向かって押します（左右 6 ～ 10 回）。

❷ 膻中（だんちゅう）　＊任脈

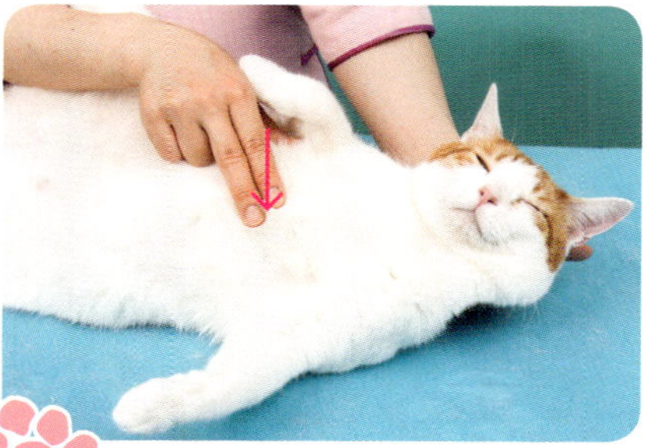

Point
膻中は、胸痛や肺炎、気管支炎などにも有効なツボです。

胸骨の上端とみぞおちを結んだ線上で、下から 1/4 にあるツボです。
膻中は、「胸の真ん中で心臓を守る」という意味があります。循環器系疾患の常用穴です。気の巡りをよくし、症状を改善します。

2 本の指の腹で、背中に向かってゆっくり優しく押します（5 回程度）。

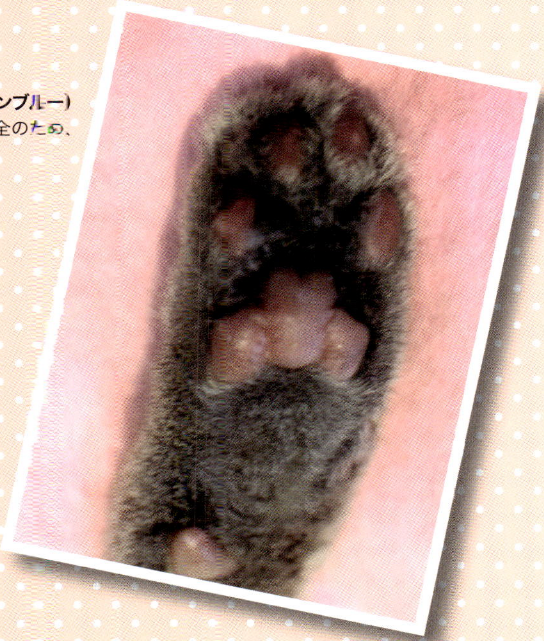

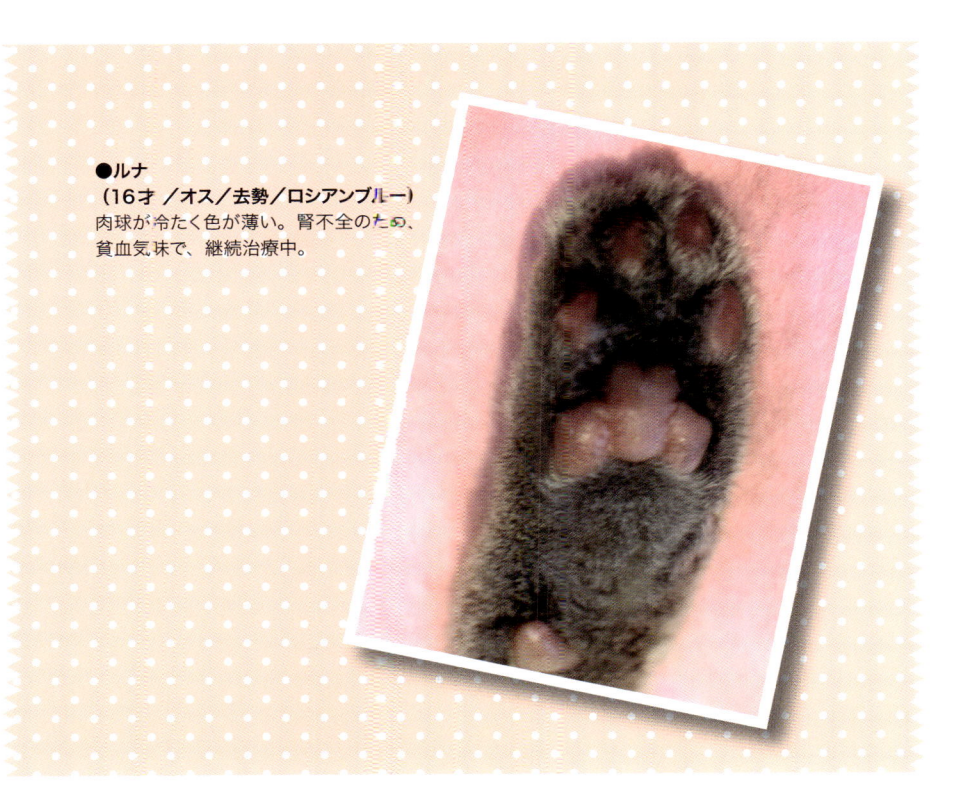

●ルナ
（16才／オス／去勢／ロシアンブルー）
肉球が冷たく色が薄い。腎不全のため、貧血気味で、継続治療中。

気血陽虚（きけつようきょ）

気血が不足し、低体温で冷えている状態

「気血陽虚」は、陽虚体質と気虚体質と血虚体質の３つが混じり合ったタイプで、気血《きけつ》が不足し、陰虚が進行して気の「温める作用」が低下し体が冷えている状態です。気の不足は体のだるさ、無気力感、食欲不振などを誘発し、血の不足は心のバランスを崩し、不眠や精神不安などの症状を引き起こします。

　気血陽虚タイプの猫は、体が乾燥し冷えているので、免疫力も低下し、感染症や病気に罹りやすくなっています。日頃からストレスの解消、適度な運動と体を温める食事を心がけましょう。

肉球の状態

弾力がない、ひび割れている、色が薄い、冷たい。

症　状

体力の低下が顕著で、体が冷えている。動悸、不眠、精神不安。

罹りやすい病気と体質

衰弱体質、冷え性、低体温、胃が弱い、貧血。

爪の状態

ひび割れ

原　因

老化、疲れ過ぎ、運動のし過ぎ、慢性的な病気、適正な栄養の不足。

有効なツボ

①足三里　②三陰交

●アメショ（5才／オス／去勢／雑種）

普段は寝ている時間が多く、体は冷たいが、突然、原因もなく怒り出すことがある。普段は物静か。

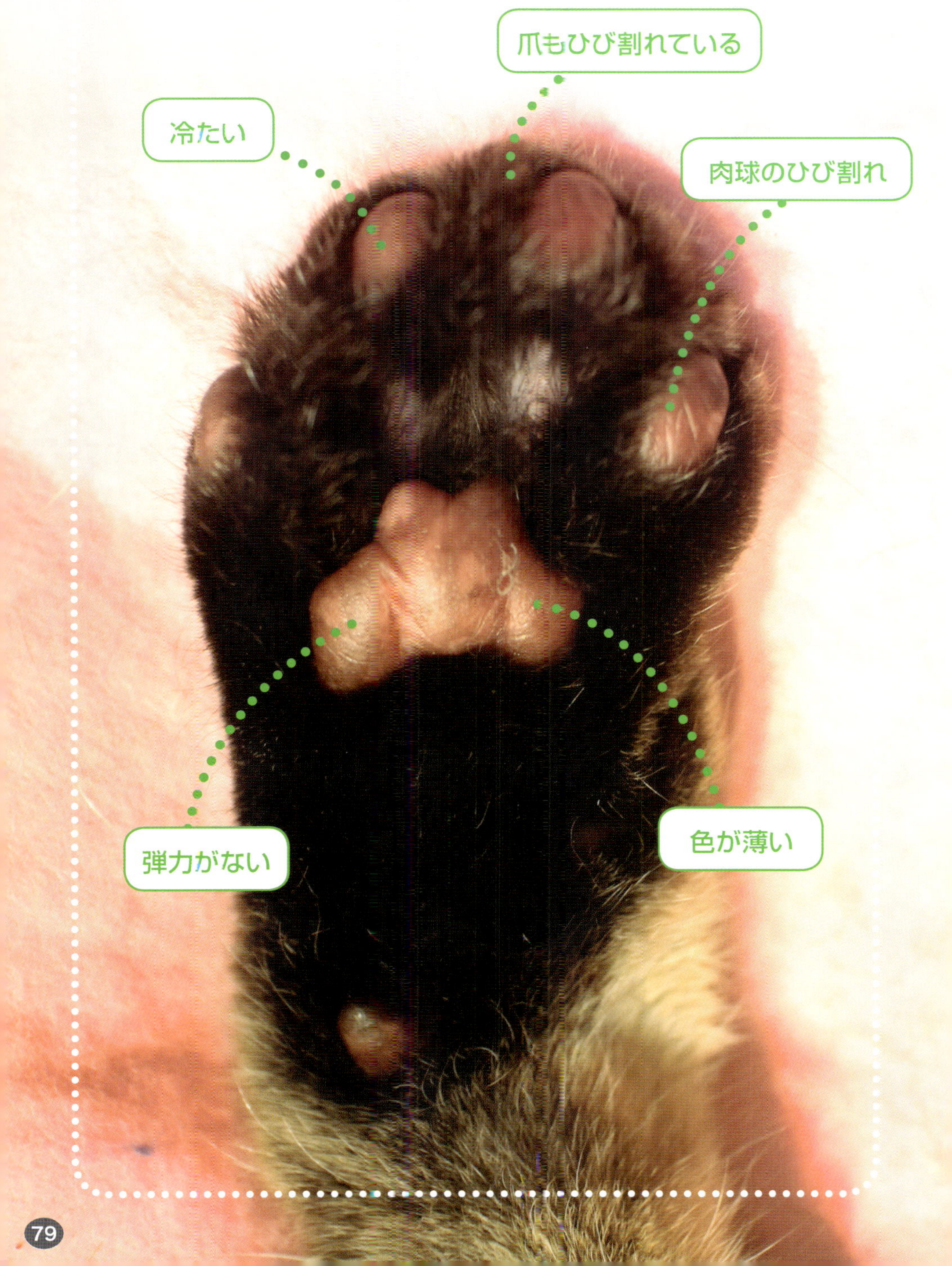
爪もひび割れている
冷たい
肉球のひび割れ
弾力がない
色が薄い

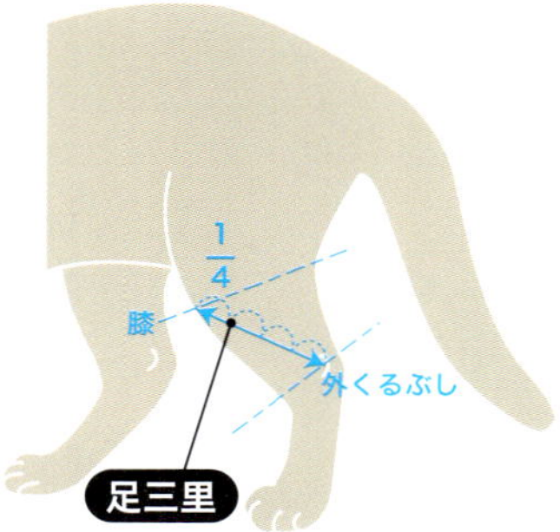
1/4
膝
外くるぶし
足三里

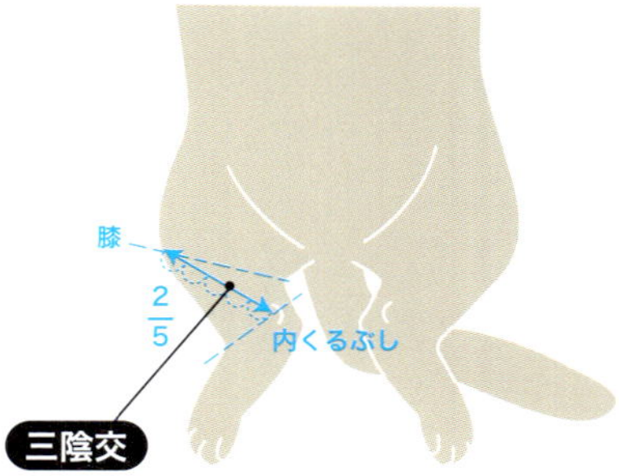
膝
2/5
内くるぶし
三陰交

❶ 足三里（あしさんり）　＊胃経

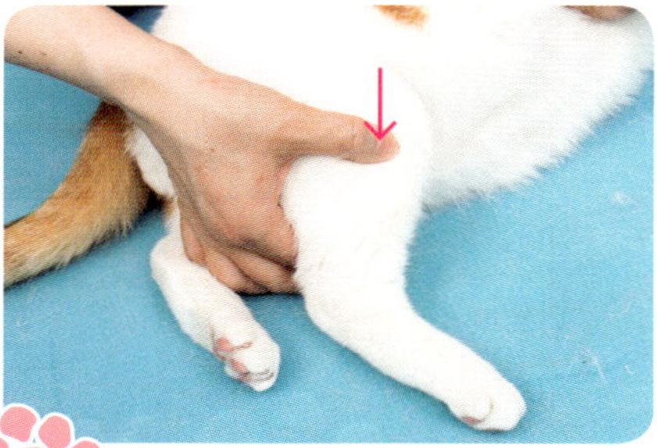

後足の外側で、膝と外くるぶしを結んだ線上の膝から1/4にある窪みにあるツボです。気は、飲食物が胃腸で消化吸収された栄養素によって作られます。足三里は、胃の機能を高め、体力を増進させます。

親指で指圧します（左右6～10回）。

Point

足三里は、大腸の蠕動運動を活発化させ、快便に有効なツボです。

❷ 三陰交（さんいんこう）　＊脾経

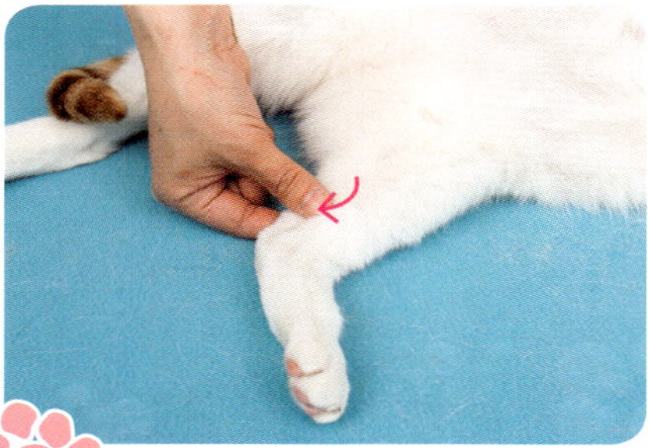

後足の内側で、内くるぶしと膝を結んだ線上の下から2/5の位置で、脛《すね》の骨の後側にあるツボです。
三陰交は、後足の内側にある脾経・腎経・肝経の三本の陰の経絡が集まるところで、気・血・津液の不足を補います。

親指で、脛の骨の後ろ側に回し込むように押します（左右6～10回）。

Point

三陰交は、メス特有の疾患や、ホルモンバランスの崩れによる肥満にも有効なツボです。

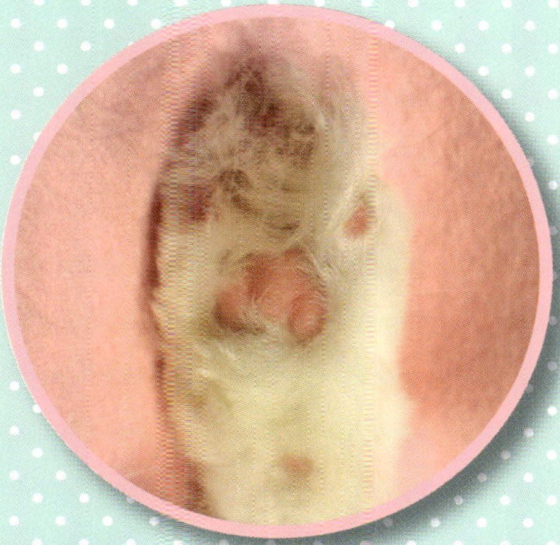

●シロ（12才／メス／避妊／雑種）
10才を超えた頃より元気がなくなり、寝ている時間が長くなってきた。暖かいところを好み、一日中動かない。食も細く、体が冷たい。毛艶も悪い。

気血津液不足（きけつしんえきぶそく）

エネルギーを消耗し、乾燥した状態

「気血津液不足」は、津液不足体質と気虚体質と血虚体質の3つが混じり合ったタイプで、気・血・津液が不足した状態です。

「気」は動物が生きていくための原動力です。気が不足すると、体力が低下し免疫力も下がるため、感染症に罹りやすくなります。また、「血」は「心《しん》」に栄養を与え精神の安定を支えているので、血の不足は心のバランスを崩し、精神が不安定なってしまいます。「津液」は体に潤いを与える働きがあります。津液が不足すると皮膚や被毛、目、鼻、口、肉球などが乾燥し、潤いがなくなってしまいます。

肉球の状態

弾力がない、乾燥している、色が薄い、爪の縦割れ、鱗屑《りんせつ》化《か》（表皮の角質が肥厚し、剥離したもの）。

症　状

疲れやすい、貧血気味、皮膚や被毛がカサカサになる。目、鼻、口の周りなどの粘膜が乾燥する。尿の量が減り、便が硬くなる。

罹りやすい病気と体質

衰弱体質、胃腸が弱い、風邪を引きやすい、貧血、乾燥肌、ドライアイ。

原　因

老化、疲れ過ぎ、運動のし過ぎ。慢性疾患、栄養不足、体の水分バランスの崩れ、体を冷やす食材の摂り過ぎ。

有効なツボ

①気海　②血海　③復溜

●メイ　(5 才 ／メス／避妊／雑種)
普段より物静かで、顔色が悪い。目力がなく、被毛がパサパサで、飲水量に比べて尿量が多い。

＊気血津液不足の肉球

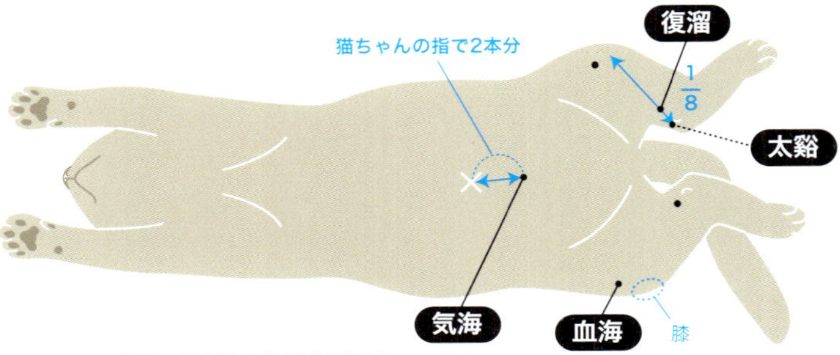

※猫ちゃんのおへそは腹面のほぼ中心にあり毛が少し渦を巻いています。

❶ 気海（きかい）　＊任脈

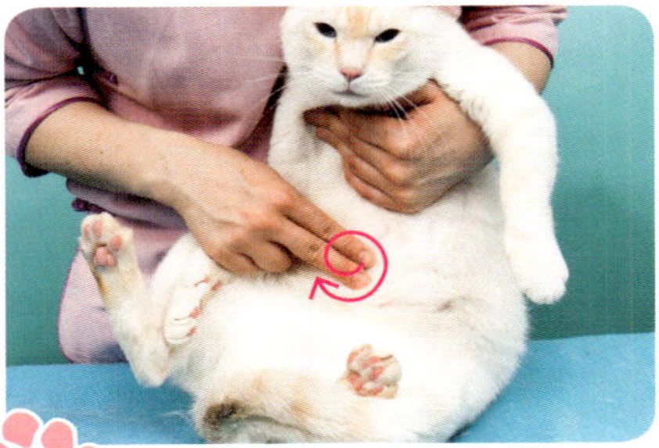

おへそから猫ちゃんの指で２本分下にあるツボです。
気海の気は生まれながらに持っている気、海は集まるところ、先天の気が集まるという意味です。気を補う働きがあります。

２本の指の腹で、ひらがなの「の」字を書くように優しく円マッサージをします (6 〜 10 回)。

Point
気海は、下痢、便秘、急性嘔吐、尿漏れにも有効なツボです。

❷ 血海（けっかい）　＊脾経

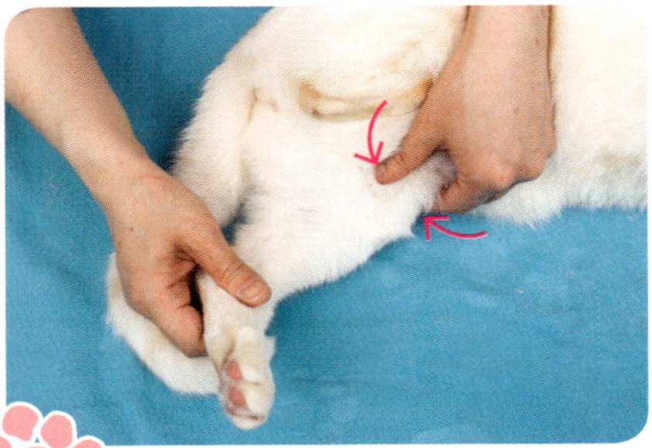

後足の内側で、膝の骨のやや上側にある窪みにあります。
血の病気に関係しているツボです。血を生み出す作用がありますので、血が不足している状態を改善します。

親指と人差し指で挟み込むように優しく指圧します（左右６〜 10 回）。

※力を入れ過ぎないように注意してください。

Point
血海は、血流を促進し瘀血（汚れた血）を改善するため、皮膚病にも有効なツボです。

❸ 復溜（ふくりゅう）　＊腎経

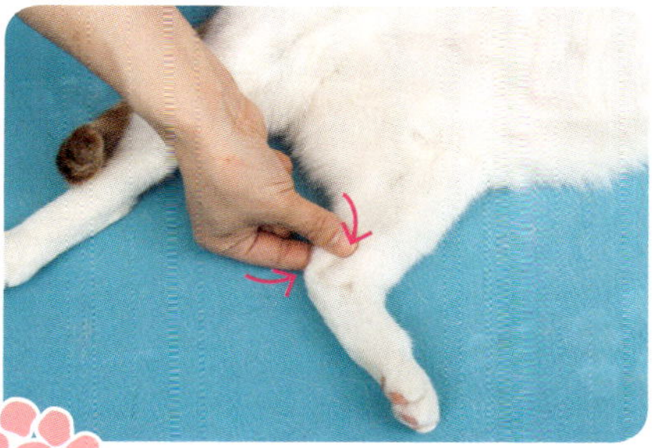

後足の内側で、膝の内側と太谿を結んだ線上の、下から 1/8 にあるツボ。
再び流れてくるということから復溜と名付けられました。腎を滋養して元気を回復させる作用があります。

親指と人差し指で挟むように指圧します（左右 6 ～ 10 回）。

Point

復溜は、腹部の膨張感、下痢、後足の運動障害などにも有効です。

●タム　（12 才 ／メス／避妊／雑種）
長期的な慢性肝不全で治療している。いつも疲れ気味で、毛艶も悪く、皮膚にも張りがない。

毎日行う健康ケア
肉球マッサージ

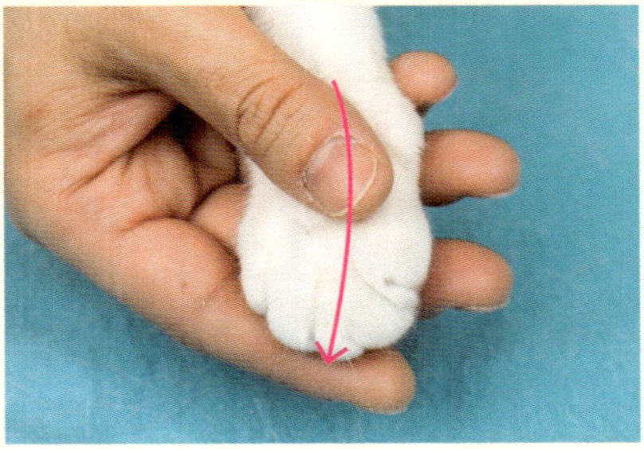

❶ なでる

猫の指先や肉球はデリケートな部位です。初めに左右の前足と後足の甲と足裏を上下に優しくなでてスキンシップを行い、信頼を深めましょう。

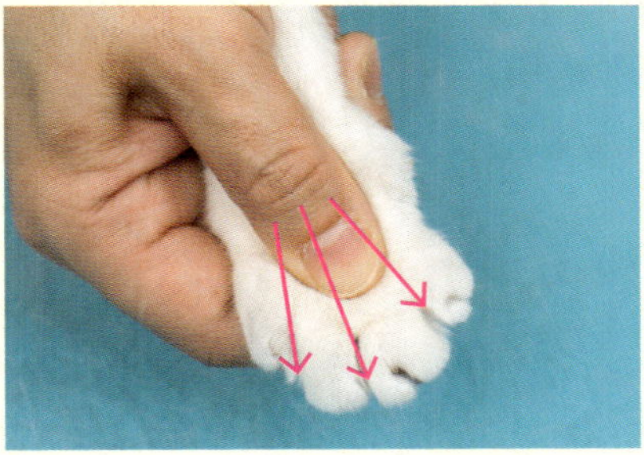

❷ つま先に向かってさする

骨と骨の間には、内臓に関連するツボがあります。左右の前足と後足のすべての指の骨と骨の間を、足首からつま先に向かってさすります。内臓の強化と血行を促進します。

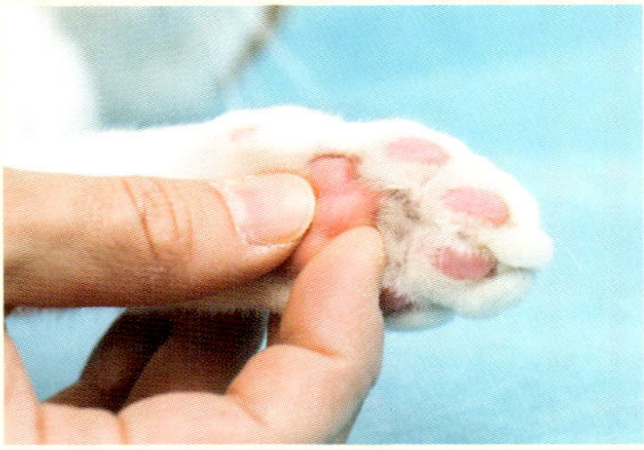

❸ 肉球を“ぷにゅぷにゅ”する

左右の前足と後足のすべての肉球を、親指と人差し指で挟むように“ぷにゅぷにゅ”と優しくもんで、猫の心と体のバランスを整えましょう。

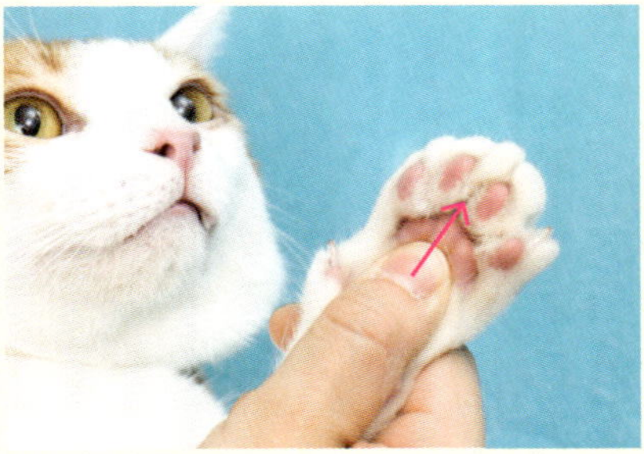

❹ 労宮を押す

前足の掌球の足首側に、心を穏やかにさせる「労宮（ろうきゅう）」というツボがあります。つま先に向かって押してください。

肉球は、猫の健康状態が反映される敏感な部位です。毎日「肉球マッサージ」を行うことで、猫の心と体のバランスを整えるとともに、飼い主さんとの信頼関係も深めることができます。

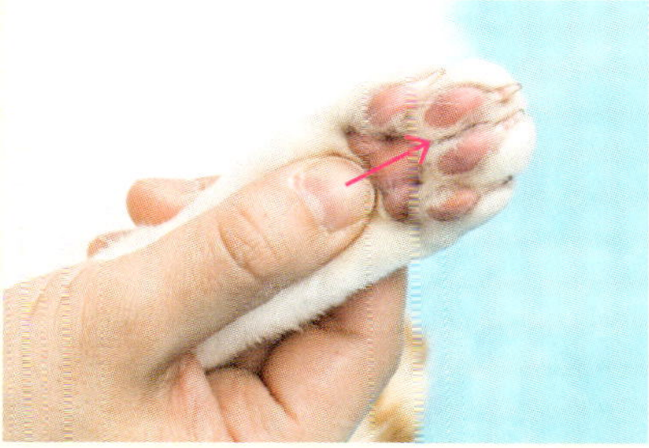

⑤ 湧泉を押す

後足の足底球の足首側にある「湧泉（ゆうせん）」というツボは、元気が泉のように湧いてくるツボです。膝の上に乗せて、お腹を上にすると湧泉を触りやすくなります。つま先に向かって押してください。

⑥ 指の上を“くるくる”さする

指の表面には知覚神経が多く集まっており、とても敏感な部位です。また、心の安定に関係したツボもあります。前足と後足のすべての指の上を“くるくる”とさすります。

⑦ 指の側面を“くるくる”さする

指の側面には、内臓に関連したツボがあります。前足と後足のすべての指の側面を“くるくる”とさすります。内臓と足を刺激し、健康を促進します。

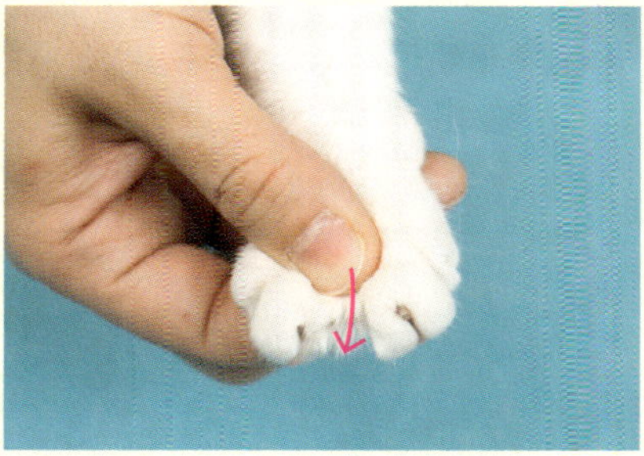

⑧ つまむ

最後に、前足と後足のすべての指の間の水かき部分を押し出すようにつまみます。水かき部分には脳を活性化させるツボがあります。老化防止にも有効なマッサージです。

column ③

猫ちゃんの被毛のひみつ

ふわふわの被毛の子猫ちゃんは、まるで毬《まり》のようで可愛いですね。被毛には、見た目のかわいらしさや個体の識別のためだけではなく、体を守る重要な役割があります。特に子猫ちゃんは体が小さく衝撃に弱いので、ふわふわの被毛で衝撃を吸収し、ケガなどから体を守ります。寒い時は被毛をふくらませ、被毛と被毛の間に空気の層を作り保温をし、体温の低下を防ぎます。また、夏場の暑い時、猫ちゃんは人のように皮膚から汗をかくことで体温調節をすることができないため、被毛を舐めてその唾液が蒸発する時の気化熱で体温を下げているのです。被毛は紫外線などの有害光線や熱などから皮膚を守る働きもあります。

猫ちゃんの舌を見るとザラザラしているのが分かります。おろし金のような舌で猫ちゃんは毛並みを整えているのです。被毛の手入れをしなくなると、本来抜け落ちる毛が残ったままで毛玉状になったりフェルトのようにもつれてしまい、猫ちゃんにとって大変不快な状態になってしまいます。

毛の手入れを最近しないな、毛玉が多いなと思ったら何かの不調のサインかもしれません。例えば、全身状態が悪い、口が痛くて体を舐めたくてもできない、足腰が痛くて手入れどころではないなどです。

被毛は、艶がなかったりパサついていたりなど、外見の変化で猫ちゃんの体調に気がつくことができる有益な情報源といえます。

人の場合は頭の毛は髪、体の毛は体毛と呼びます。東洋医学では髪は腎臓の主《つかさど》るところ、体毛は肺の主るところと、それぞれ関係する臓器が別ですが、猫ちゃんの場合は全身が体毛なのでこれを被毛（皮毛）と呼んでいます。肺の機能が充実していれば、気は体の隅ずみまで行きわたり、被毛はしっとりと潤い、艶やかで健康美に輝いています。しかし肺の機能が虚弱だと皮毛に潤いがなくなり、抜け毛が多くなります。

体温調節、皮膚の保護に大切な役割のある被毛ですから、機能を十分に発揮できるように日頃からきちんと手入れを行い、いつまでも健康で美しい猫ちゃんでいてもらいましょう。

猫ちゃんの肉球カルテ

番号：

名前：

年齢：

種類：

性別：

体重：

肉球写真データ

番号：

【肉球の状態】

温度	温 ／ 冷 ／ どちらでもない	→ (陽) 気と関連
潤い	有 ／ 無 ／ どちらでもない	→ 津液と関連
つや	有 ／ 無 ／ どちらでもない	→ 気・血と関連
滑らか ／ 荒れ気味		→ 津液と関連
弾力	有 ／ 無 ／ どちらでもない	→ 気と関連
血色	有 ／ 無	→ 瘀血と関連
むくみ	有 ／ 無	→ 痰湿と関連
におい	有 ／ 無	→ 痰湿と関連

【爪の状態】

爪のつや	有 ／ 無	爪のしわ	有 ／ 無
爪の割れ	有 ／ 無	爪の変形	有 ／ 無

【診断】 □正常 □気虚 □血虚 □瘀血 □気滞
□陽虚 □陰虚 □痰湿 □津液不足

メモ：

【肉球体質リスト】

タイプ	肉球の状態	主な症状	罹りやすい病気と体質	有効なツボ
気　虚	弾力がない 艶がない	疲れやすい	体力の低下 虚弱体質 胃腸が弱い	合谷 気海
血　虚	ひび割れ 鱗屑化 爪が縦割れ	血液不足による栄養不足	貧血 眼病になりやすい	神門 血海
瘀　血	シミ、青紫色、ザラザラしている	疲れやすい 舌に瘀斑	循環器系疾患、腫瘍、皮膚病	至陰 曲池
気　滞	湿っている 冷たい	イライラする 興奮しやすい 体が冷える	冷え性 神経質	井穴 気海
陰　虚	火照り 赤みがかった色	水を頻繁に飲む、舌が赤い、皮膚の乾燥	自律神経の異常、便秘	湧泉 太谿
陽　虚	冷たい 薄くてくすんだ色	寒がり 食欲不振 頻尿	衰弱体質 冷え性	労宮 関元
痰　湿	むくみ 湿っている 悪臭	むくみ 下痢 頻尿	肥満傾向 糖尿病 高血圧症	太淵 中脘
津液不足	火照り、乾燥、カサカサしている	乾燥、渇き、尿量の減少、便秘	乾燥肌 ドライアイ	太淵 廉泉
気滞血瘀	シミ、ザラザラしている、湿っている、沈んだ暗い色	冷え、のぼせ 疲れやすい イライラしている	神経質、不安症、胃痛、循環器系疾患、腫瘍	内関 膻中
気血陽虚	弾力がない、肉球と爪がひび割れ、冷たい、色が薄い	体力の低下 冷え、動悸、不眠、精神不安	衰弱体質、冷え性、低体温、胃が弱い、貧血	足三里 三陰交
気血津液不足	弾力がない、乾燥、色が薄い、爪が縦割れ、鱗屑化	疲れやすい、貧血気味、皮膚・被毛がカサカサ、尿量の減少、便が硬い	衰弱体質、胃腸が弱い、風邪を引きやすい、貧血、乾燥肌、ドライアイ	気海 血海 復溜

おわりに

肉球から体の変化を読み取ることはできないだろうか。ふとしたきっかけからこの肉球を観察する研究が始まりました。

東洋医学には、四診《ししん》と呼ばれる独特の診察方法があります。四診とは、望診《ぼうしん》、聞診《ぶんしん》、問診《もんしん》、切診《せっしん》のことをいいます。望診は舌の色や目、皮膚、被毛の輝き、動作、容姿を診ます。聞診は声の様子、体臭、便尿の臭いを診ます。問診は病歴や現在の病気の経過、状況などを尋ねます。切診は脈診、腹診といって脈や腹部に触れ、どのような調子なのかを診る方法です。

病の徴候はまず部位に現れます。現れた部位から病の全体像をつかむことができます。さらに、これから起こるかもしれない事態の、先を読んで、あらかじめそれに対応することができます。これは難しいことのようですが、東洋医学では三千年も前からすでに行われていたことです。「部位を見て全体を知る」と「未病を治す」ことが東洋医学の基本になります。

私たちが取り組んだ猫ちゃんの肉球の研究は、体の変化が神経を介して体の一部位である肉球に反映されることに着目したものです。肉球は毛に覆われていないので、非常に観察しやすい部位です。診察室にいる猫ちゃんの動きは普段とは異なります。猫ちゃんの舌を診るために口を開けさせるのはかなり大変なことです。だからこそなおさら肉球に現れる変化を知り、未病に役立てることができれば、いささかなりとも私たちが取り組んだ、初期の目的が達成できるものと喜んでおります。

最後になりましたが、本書の出版にあたり、サイトウ事務所の斉藤美穂さん、医道の日本社の赤羽博美さんにたいへんお世話になりましたことを、感謝いたします。

2014 年 春

かまくら げんき動物病院 副院長　相澤 まな

著者プロフィール

石野　孝（いしの　たかし）

獣医師。かまくらげんき動物病院院長。麻布大学大学院修士課程修了。91 年に中国にて鍼灸学を学び、かまくらげんき動物病院を開業。最新の西洋医療と伝統的な東洋医療を融合させた動物に優しい治療を実践している。中国伝統獣医学国際培訓研究センター名誉顧問。南京農業大学准教授。日本ペット中医学研究会会長。(社)日本ペットマッサージ協会理事長。日本メディカルアロマテラピー動物臨床獣医学会理事長等。

著書＝小動物臨床鍼灸学（日本伝統獣医学会）、ペットのための鍼灸マッサージマニュアル(医道の日本社)、犬のツボ押し BOOK(医道の日本社)、うちの猫の長生き大辞典(学研)、はじめての猫 飼い方育て方(学研)　癒し、癒される　猫マッサージ（実業の日本社)、その他
映像＝小動物臨床鍼灸学 I II（インターズー)、わんこのメディカルアロママッサージ(スタービット)、わんこのメディカルリンパマッサージ(スタービット)、犬の経絡ツボマッサージ(スタービット)、その他

相澤　まな（あいざわ　まな）

獣医師。かまくらげんき動物病院副院長。麻布大学卒業。(社)日本ペットマッサージ協会理事、中国伝統獣医学国際培訓センター客員研究員、南京農業大学人文学院准教授、中国西南畜牧獣医学会学術顧問。米国 CHI 認定小動物獣医推拿指圧・栄養学コース修了。

著書＝小動物臨床鍼灸学（日本伝統獣医学会編)、ペットのための鍼灸マッサージマニュアル(医道の日本社)、犬のツボ押し BOOK(医道の日本社)、うちの猫の長生き大辞典(学研)、はじめての猫 飼い方育て方(学研)、癒し、癒される 猫マッサージ（実業の日本社)」、その他

〈モデル猫〉くーちゃん（左）　ニッキー（右）　＝福島県出身

制作協力 : キャットラウンジ猫の館 ME

ねこの肉球診断BOOK—東洋医学的体調チェックとツボマッサージ—

2014 年 5 月 10 日　初版第 1 刷発行

著　者　　石野 孝　相澤まな

発行所　　戸部慎一郎

発行所　　株式会社 医道の日本社

〒237-0068 神奈川県横須賀市追浜本町1-105

電話 046-865-2161 FAX 046-865-2707

印　刷 : 大日本印刷株式会社

ブックデザイン・カバーデザイン・イラスト : 斉藤美穂(サイトウ事務所)

写真 (各ツボのマッサージ・肉球マッサージ・はがきの写真など) : 田尻光久

ISBN978-4-7529-9020-8 C2077　　xxx

〈猫ちゃんの足のツボ〉

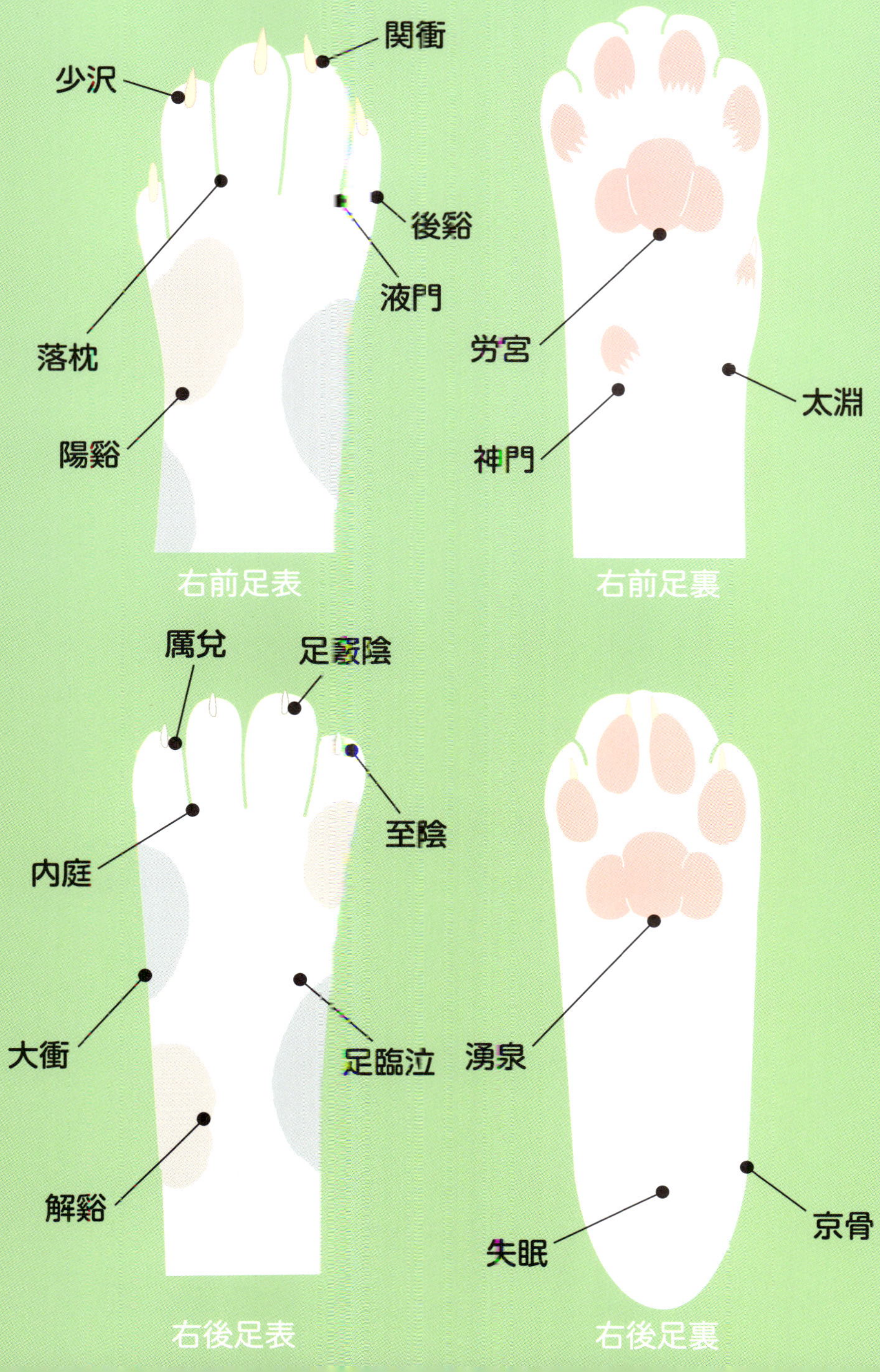

関衝
少沢
後谿
液門
落枕
陽谿
右前足表
労宮
太淵
神門
右前足裏
厲兌
足竅陰
至陰
内庭
大衝
足臨泣
解谿
右後足表
湧泉
京骨
失眠
右後足裏

Post Card

82円切手を
貼ってください

陽谿	ようけい	目の充血予防
落枕	らくちん	首肩の筋を柔らかに
少沢	しょうたく	乳の出をよくする
関衝	かんしょう	イライラ解消
後谿	こうけい	首の筋を柔らかに
液門	えきもん	ストレスを解消
神門	しんもん	不安感を解消
労宮	ろうきゅう	疲労回復
太淵	たいえん	呼吸器症状改善

解谿	かいけい	便秘予防
太衝	たいしょう	神経過敏を解消
内庭	ないてい	下痢を解消
厲兌	れいだ	精神安定
足竅陰	あしきゅういん	熱を冷ます
至陰	しいん	腰の冷え対策
足臨泣	あしりんきゅう	目をスッキリ
失眠	しつみん	快眠のツボ
湧泉	ゆうせん	元気が湧くツボ
京骨	けいこつ	腰のコリ対策

Post Card

82円切手を
貼ってください

Post Card

82円切手を
貼ってください

Post Card

ねこの肉球診断BOOK　医道の日本社